"十四五"时期
国家重点出版物
出版专项规划项目

新时代公园城市建设探索与实践系列丛书

公园城市

导向下的城市采石宕口生态修复

秦　飞
杨　龙

主编

U0286115

中国城市出版社

吴　杰　吴　剑　吴克军　吴锦华　言　华
张清彦　陈　艳　林志斌　欧阳底梅　周建华
赵御龙　饶　毅　袁　琳　袁旸洋　徐　剑
郭建梅　梁健超　董　彬　蒋凌燕　韩　笑
傅　晗　强　健　瞿　志

组织编写单位： 中国城市建设研究院有限公司
中国风景园林学会
中国公园协会

本书编委会

主　　编：秦　飞　杨　龙

副 主 编：李旭冉

参编人员：王香春　刘晓露　种宁利　余　瑛　邱本军　王　冕

　　　　　刘禹彤　李海娇　关庆伟　于水强　葛之葳

支持单位

徐州市住房和城乡建设局

徐州市徐派园林研究院

南京林业大学生物与环境学院

丛书序

2018 年 2 月，习近平总书记视察天府新区时强调"要突出公园城市特点，把生态价值考虑进去"；2020 年 1 月，习近平总书记主持召开中央财经委员会第六次会议，对推动成渝地区双城经济圈建设作出重大战略部署，明确提出"建设践行新发展理念的公园城市"；2022 年 1 月，国务院批复同意成都建设践行新发展理念的公园城市示范区；2022 年 3 月，国家发展和改革委员会、自然资源部、住房和城乡建设部发布《成都建设践行新发展理念的公园城市示范区总体方案》。

"公园城市"实际上是一个广义的城市空间新概念，是缩小了的山水自然与城市、人的有机融合与和谐共生，它包含了多个一级学科的知识和多空间尺度多专业领域的规划建设与治理经验。涉及的学科包括城乡规划、建筑学、园林学、生态学、农业学、经济学、社会学、心理学等等，这些学科的知识交织汇聚在城市公园之内，交汇在城市与公园的互相融合渗透的生命共同体内。"公园城市"的内涵是什么？可概括为人居、低碳、人文。从本质而言，公园城市是城市发展的终极目标，整个城市就是一个大公园。因此，公园城市的内涵也就是园林的内涵。"公园城市"理念是中华民族为世界提供的城市发展中国范式，这其中包含了"师法自然、天人合一"的中国园林哲学思想。对市民群众而言园林是"看得见山，望得见水，记得起乡愁"的一种空间载体，只有这么去理解园林、去理解公园城市，才能规划设计建设好"公园城市"。

有古籍记载说"园莫大于天地"，就是说园林是天地的缩小版；"画莫好于造物"，画家的绘画技能再好，也只是拷贝了自然和山水之美，只有敬畏自然，才能与自然和谐相处。"公园城市"就是要用中国人的智慧处理好人类与大自然、人与城市以及蓝（水体）绿（公园等绿色空间）灰（建筑、道路、桥梁等硬质设施）之间的关系，最终实现"人（人类）、城（城市）、园（大自然）"三元互动平衡、"蓝绿灰"阴阳互补、刚柔并济、和谐共生，实现山、水、林、田、湖、草、沙、居生命共同体世世代代、永续发展。

"公园城市"理念提出之后，各地积极响应，成都、咸宁等城市先行开展公园城市建设实践探索，四川、湖北、广西、上海、深圳、青岛等诸多省、区、市将公园城市建设纳入"十四五"战略规划统筹考虑，并开展公园城市总体规划、公园体系专项规划、"十五分钟"生活服务圈等顶层设计和试点建设部署。不少的专家学者、科研院所以及学术团体都积极开展公园城市理论、标准、技术等方面的探索研究，可谓百花齐放、百家争鸣。

"新时代公园城市建设探索与实践系列丛书"以理论研究与实践案例相结合的形式阐述公园城市建设的理念逻辑、基本原则、主要内容以及实施路径，以理论为基础，以标准为行动指引，以各相关领域专业技术研发与实践应用为落地支撑，以典型案例剖析为示范展示，形成了"理论＋标准＋技术＋实践"的完整体系，可引导公园城市的规划者、建设者、管理者贯彻落实生态文明理念，切实践行以人为本、绿色发展、绿色生活，量力而行、久久为功，切实打造"人、城、园（大自然）"和谐共生的美好家园。

人民城市人民建，人民城市为人民。愿我们每个人都能理解、践行公园城市理念，积极参与公园城市规划、建设、治理方方面面，共同努力建设人与自然和谐共生的美丽城市。

住房和城乡建设部原副部长、
国际欧亚科学院院士

丛书前言

习近平总书记 2018 年在视察成都天府新区时提出"公园城市"理念。为深入贯彻国家生态文明发展战略和新发展理念，落实习近平总书记公园城市理念，成都市率先示范，湖北咸宁、江苏扬州等城市都在积极实践，湖北、广西、上海、深圳、青岛等省、区、市都在积极探索，并将公园城市建设作为推动城市高质量发展的重要抓手。"公园城市"作为新事物和行业热点，虽然与"生态园林城市""绿色城市"等有共同之处，但又存在本质不同。如何正确把握习近平总书记所提"公园城市"理念的核心内涵、公园城市的本质特征，如何细化和分解公园城市建设的重点内容，如何因地制宜地规范有序推进公园城市建设等，是各地城市推动公园城市建设首先关心、也是特别关注的。为此，中国城市建设研究院有限公司作为"城乡生态文明建设综合服务商"，由其城乡生态文明研究院王香春院长牵头的团队率先联合北京林业大学、中国城市规划设计研究院、四川省城乡建设研究院、成都市公园城市建设发展研究院、咸宁市国土空间规划研究院等单位，开展了习近平生态文明思想及其发展演变、公园城市指标体系的国际经验与趋势、国内城市公园城市建设实践探索、公园城市建设实施路径等系列专题研究，并编制发布了全国首部公园城市相关地方标准《公园城市建设指南》DB42/T 1520—2019 和首部团体标准《公园城市评价标准》T/CHSLA 50008—2021，创造提出了"人–城–园"三元互动平衡理论，明确了公园城市的四大突出特征：美丽的公园形态与空间格局；"公"字当先，公共资源、公共服务、公共福利全民均衡共享；人与自然、社会和谐共生共荣；以居民满足感和幸福感提升为使命方向，着力提供安全舒适、健康便利的绿色公共服务。

在此基础上，中国城市建设研究院有限公司联合中国风景园林学会、中国公园协会共同组织、率先发起"新时代公园城市建设探索与实践系列丛书"（以下简称"丛书"）的编写工作，并邀请住房和城乡建设部科技与产业化发展中心（住房和城乡建设部住宅产业化促进中心）、中国城市规划设计研究院、中国城市出版社、北京市公园管理中心、上海市公园管理中心、东南大学、成都市公园城市建设发展研究院、北京市园林绿化科学研究院等多家单位以及权威专家组成丛书编写工作组共同编写。

这套丛书以生态文明思想为指导，践行习近平总书记"公园城市"理念，响应国家战略，瞄准人民需求，强化专业协同，以指导各地公园城市建设实践干什么、怎么干、如何干得好为编制初衷，力争"既能让市长、县长、局长看得懂，也能让队长、班长、组长知道怎么干"，着力突出可读性、实用性和前瞻指引性，重点回答了公园城市"是什么"、要建成公园城市需要"做什么"和"怎么做"等问题。目前本丛书已入选国家新闻出版署"十四五"时期国家重点出版物出版专项规划项目。

丛书编写作为央企领衔、国家级风景园林行业学协会通力协作的自发性公益行为，得到了相关主管部门、各级风景园林行业学协会及其成员单位、各地公园城市建设相关领域专家学者的大力支持与积极参与，汇聚了各地先行先试取得的成功实践经验、专家们多年实践积累的经验和全球视野的学习分享，为国内的城市建设管理者们提供了公园城市建设智库，以期让城市决策者、城市规划建设者、城市开发运营商等能够从中得到可借鉴、能落地的经验，推动和呼吁政府、社会、企业和老百姓对公园城市理念的认可和建设的参与，切实指导各地因地制宜、循序渐进开展公园城市建设实践，满足人民对美好生活和优美生态环境日益增长的需求。

丛书首批发布共 14 本，历时 3 年精心编写完成，以理论为基础，以标准为纲领，以各领域相关专业技术研究为支撑，以实践案例为鲜活说明。围绕生态环境优美、人居环境美好、城市绿色发展等公园城市重点建设目标与内容，以通俗、生动、形象的语言介绍公园城市建设的实施路径与优秀经验，具有典型性、示范性和实践操作指引性。丛书已完成的分册包括《公园城市理论研究》《公园城市建设标准研究》《公园城市建设中的公园体系规划与建设》《公园城市建设中的公园文化演替》《公园城市建设中的公园品质提升》《公园城市建设中的公园精细化管理》《公园城市导向下的绿色空间竖向拓展》《公园城市导向下的绿道规划与建设》《公园城市导向下的海绵城市规划设计与实践》《公园城市指引的多要素协同城市生态修复》《公园城市导向下的采煤沉陷区生态修复》《公园城市导向下的城市采石宕口生态修复》《公园城市建设中的动物多样性保护与恢复提升》和《公园城市建设实践探索——以成都市为例》。

丛书将秉承开放性原则，随着公园城市探索与各地建设实践的不断深入，将围绕社会和谐共治、城市绿色发展、城市特色鲜明、城市安全韧性等公园城市建设内容不断丰富其内容，因此诚挚欢迎更多的专家学者、实践探索者加入到丛书编写行列中来，众智众力助推各地打造"人、城、园"和谐共融、天蓝地绿水清的美丽家园，实现高质量发展。

前　言

2017 年，住房和城乡建设部印发了《关于加强生态修复城市修补工作的指导意见》（建规〔2017〕59 号），提出将生态修复和城市修补结合，提供生态与城市问题的综合解决方案，作为治理城市病、转变城市发展方式的重要手段，"城市双修"应运而生。2018 年 2 月，习近平总书记在成都天府新区视察时指出，"要突出公园城市特点，把生态价值考虑进去。"公园城市理念为"城市双修"注入了新内涵。

石料开采对经济发展、社会进步具有重要作用，但石料开采造成的山体破损、植被被毁、岩石裸露，会导致区域景观破坏和生态环境恶化，以及高陡的石坡、大量的碎石等还会导致崩塌、滑坡、泥石流等地质灾害隐患。为解决采石宕口生态环境问题，国内外开展了一系列研究和实践，取得了一批成果，但这些理论和技术多以生态恢复为重点或注重某一修复环节，难以系统指导公园城市理念下的采石宕口生态修复。采石宕口作为城市发展空间的一部分，其生态修复不仅要对生态环境和自然景观进行恢复，还要满足城市多样化功能的需求，将城市人居环境和经济社会有机融入，建立起相应的技术体系，实现采石宕口生态系统和景观的恢复、提升。在充分发挥城市绿肺、城市防护、改善小气候等生态功能的基础上，采石宕口生态修复要应根据当地民众需要，在美化环境、抒发乡愁、传承文脉、游憩娱乐等多方面，因地制宜地服务于城市生态环境保护、土地资源永续利用和生物多样性保护，服务于城市居民生活，为城市转型与绿色发展贡献力量。

全书共分 5 章：第 1 章公园城市与采石宕口生态修复，回顾总结了采石宕口的形成与危害、采石宕口生态修复研究进展与实践，以及公园城市理念对采石宕口生态修复的要求；第 2 章采石宕口生态修复规划，提出了公园城市导向的采石宕口生态修复目标设定、调查评估和规划方案制订的方法；第 3 章采石宕口生态修复技术，归纳了采石宕口地质灾害隐患防治、地形重塑与土壤重构、植被恢复与景观提升、维护管理与监测的技术方法；第4章采石宕口生态修复实践案例，介绍了徐州市金龙湖（东珠山）采石宕口生态修复、徐州市拖龙山山体生态修复、上海辰山采石场生态修复、北京市门头沟妙峰山废弃采石场生态修复、河南焦作北山采石场生态修复、湖北武汉硃山采石场生态修复等6个生态修复案例；并在此基础上，分析了公园城市导向下采石宕口生态修复的实践要求。第5章探索与展望，对公园城市导向的采石宕口生态修复进行了前瞻性展望。

本书具体编写人员分工如下：全书由王香春提出编写思路和原则，并对书稿进行审定；秦飞拟定全书整体结构，秦飞、杨龙、李旭冉对全书统稿。第1章由杨龙撰著；第2章、第3.3节由李旭冉撰著；第3.1节由种宁利撰著；第3.2节由种宁利、李旭冉撰著；第3.4节由李海娇、秦飞撰著；第4.1节由刘晓露、关庆伟、于水强、葛之葳、孙晓丹、惠昊、王刚、叶钰倩、赵家豪、秦飞撰著；第4.2节由王冕、刘禹彤、秦飞撰著；第4.3节由邱本军、刘晓露撰著，第4.4节由余瑛撰著，第4.5、4.6节由刘晓露撰著，第4.7节由秦飞撰著；第5章由秦飞、种宁利撰著。编委会同志参与了编著提纲的讨论、书稿审定等工作。

本书编写过程中，中国风景园林学会、中国城市建设研究院有限公司、徐州市住房和城乡建设局、徐州市徐派园林研究院、南京林业大学生物与环境学院给予大力支持。编辑们就本书编辑、校对和出版等做了大量细致的工作。书中参考和引用了国内外相关科研资料、成果。在此特向他们表示由衷的感谢。

城市采石宕口生态修复内涵丰富，涉及复杂的科学、技术乃至艺术文化问题，限于编者能力，书中难免存在疏漏和欠妥之处，敬请读者批评指正。

编者

目 录

第 3 章 采石宕口生态修复技术

第 5 章　　探索与展望

第 1 章

公园城市与采石宕口生态修复

石料开采是一个古老的行业，对经济社会发展具有重要作用。但石料开采不可避免地造成山体破损、植被被毁、岩石裸露，导致区域景观破坏和生态环境恶化。高陡的石坡、大量的碎石等还存在着崩塌、滑坡、泥石流等地质灾害隐患。废弃采石场还成为城市生态环境中的一块块"疮疤"。生态修复是生态学的新分支，其任务是致力于研究自然灾变和人类生活压力条件下，受到破坏的自然景观生态系统的修复和重建问题，是人类对退化生态系统、各类废弃地和污染水域进行生态治理的理论与实践。为解决废弃采石场的生态环境问题，国内外进行了一系列的采石宕口生态修复研究，取得了一批理论和成果，但这些理论和技术多以自然生态恢复为重点，终极目标是尽可能将生态系统恢复到一种适应本地的自然模式——参照生境。长期以来，采石宕口生态恢复主要以恢复和改善自然生态系统为目的，其核心是促进采石宕口生态系统必要功能的恢复，进而达到生态系统的相对稳定状态，并通过自我调节，具有一定抵御外界扰动的韧性，有效控制水土流失，使被破坏的山体景观得以恢复。而城市作为一个人口集中、工商业发达、居民以非农业人口为主的地区，对其中及其周边废弃采石场的生态修复，仅仅"恢复为自然生态系统"是不够的。目前，我国经济发展已经开始积极转型，从过去追求经济效益向多方面利益兼顾的方向发展，在实现经济效益的同时，还重视社会效益和环境效益的可持续发展，在这种新发展理念的要求下，城市生态修复已经成为必要选择，刻不容缓。采石宕口生态修复是城市生态修复重要内容，不仅需要遵照城市生态修复的一般要求，还要遵循城市绿色发展的需求。

2018年2月，习近平总书记在考察成都市天府新区时指出"要突出公园城市特点，把生态价值考虑进去"，意味着着力构建生态价值成为中国未来城市发展的新命题。同年4月，习近平总书记参加北京义务植树活动时再次强调"整个城市就是一个大公园，老百姓走出去就像从家里走到自己的花园一样"，表明公园城市要让身处城市的市民拥有身处公园的舒适感。"公园城市"理念体现了城市"绿色发展"和"以人民为中心"的发展理念。城市废弃采石场作为城市空间的一部分，如仅仅对其进行生态环境和自然景观的恢复，不能满足城市的多样化功能的需求，必须按照公园城市理念，在尊重自然规律和城市发展规律的前提下，综合分析废弃采石场场址状况、存在问题，统筹好生态和经济社会两大系统，坚持以人民为中心的核心宗旨，进而确定修复目标，开展调查评估、规划设计等工作，让生态修复后的废弃采石场成为城市生态网络体系的一环，创造出舒适宜人的公共空间，满足人们出行、交流、休闲、娱乐、康体、科教等需要，并应充分挖掘和利用废弃采石场的特殊地形地貌、场址文化、乡土植物、民俗风情等特色要素，找准城市长期发展建设过程中积淀形成的富有特色的历史空间和城市文脉等特质基因，塑造地域特征、民族特色和时代风貌，让人民生活更美好。

1.1　采石宕口的形成与危害

1.1.1　石材开采方式

石材开采在我国历史悠久。长期以来，采石主要以人工采掘或火药爆破为主。改革开放以后，我国石材行业得到高速发展，2005 年成为世界第一大石材生产国、消费国和出口国。但是，石材矿山以中小型露采矿山为主，大型露采矿山很少。一些中小型露采矿山进行"小、散、乱"破坏式开采，引入科学建设、机械化和环保开发的理念较晚。仅有少数矿山进行地下开采尝试，尚无大规模工业化的开采。

石材露天开采一般包括母岩分离、出运、清渣几个阶段。其中，母岩分离为采石的主要工序，其工艺很大程度上决定了采石所形成的宕口状态。由于历史时期、矿山地质、生产设备、石材品种等条件不同，形成了不同的采石生产工艺和方法。以母岩分离工艺为主要依据，可分为凿岩劈裂、凿岩爆裂、刻槽分裂、切割破岩、联合开采等。

凿岩劈裂即先在岩体上凿出一个或一排楔窝，再将楔窝凿成长方形口的楔形，将钢楔放入其中，对其施加压力，从而使楔窝产生贯穿裂隙，并深裂使石料从岩体分离出来。凿岩爆裂是利用控制爆破原理，采用不同药物和点火方式，将石料从矿体上分离的方法，主要有黑火药爆裂、导爆索爆裂、金属燃烧剂爆裂、静态爆裂等。刻槽分裂是利用刻槽工具和静态液压分裂机等设备，通过刻槽（钻孔）和劈裂，让岩石按预定的方向分裂开来的方法，主要流程包括开孔、刻槽（完成孔槽形状）、分裂等。切割破岩可分为机械锯切和射流切割两类。机械锯切是以锯石机为主体，辅以其他专用开采机具的开采方法。射流切割是指利用热能（火焰切割机）或水能（水射流切割机）进行切割的开采方法。联合开采指用 2 种以上的开采方法完成矿山石材母岩分离作业的方法。

在石材开采中，对同一个矿体而言，不同区域的岩性也有所不同；即使在同一区域，因分离部位不同，其开采方式也不相同。针对矿山的复杂条件，石材矿山开采一般均采用联合开采法，其联合方式应视矿山具体情况确定。

1.1.2 采石宕口的类型

采石宕口为露天挖损地的一种，主要包括采石过程中形成的空场、空洞和采场破损面。根据不同的采石工艺与采石操作的规范性，可将采石过程划分为规则式采石及不规则式采石两大类。规则式采石通常以获取大规格荒料为目的，且严格遵守采石规范和流程的石材开采过程，如国家标准《装饰石材矿山露天开采工程设计规范》GB 50970—2014 要求装饰石材优先采取机械锯切法，并对采石过程中的安全平台、清扫平台的数量、宽度，运输平台的宽度、位置和开采台阶高度、开采工作线长度以及开采工艺流程等进行了规定。规则式采石所形成的采石宕口呈现出破碎废石少、坡面平台分布均匀、崖壁光滑、矿坑规整等特点。不规则式采石通常以获取小规格碎石为目的，或未遵守采石规范流程。不规则式采石所形成的采石宕口具有破碎废石多、坡面及矿坑不规则、崖壁粗糙等特点。

采石宕口按照岩体形态可分为以下基本类型：

● 崖壁：开采后遗留的陡崖，坡度在 75° 以上。

● 斜坡：开采后遗留的边坡，坡度在 75° 以下。其中，坡面倾角小于或等于 25° 为平缓坡，坡面倾角大于 25° 且小于 45° 为陡急坡，坡面倾角大于或等于 45° 为险崖坡。此外，边坡高度大于 30m 的岩质斜坡又称高边坡。

● 台地：开采后遗留的操作平台、运输平台等。

● 矿坑：开采后遗留的具有一定面积和深度的坑。

1.1.3 采石宕口产生的主要危害

1. 地质安全隐患

石材开采强烈地扰动山体，导致山体松动，提高了地质灾害发生概率（图 1-1）；山体植被的破坏，加剧水土流失、泥石流等地质灾害，降低了边坡的稳定性；采石过程产生的陡斜坡、悬空的岩体等危岩体，易脱离母体崩塌、滚落；处于斜坡或随意堆放的散体状的岩体以及产生的废石、废渣等，在暴雨或其他一些自然灾害时极易引发泥石流，给周边环境和居民的生命财产安全带来严重危害。

2. 植被破坏

开山采石首先会破坏山体表面的植被。为了使山体的岩体裸露出来，山体表面的植被被砍伐、去除。采石过程中机械、石料的运输以及废石料的占压等也会破坏采石区周边植被。用于采石的山体一般土层极薄，植物生长十分缓慢，植被一旦被破坏，靠自然恢复需要数十年或上百年时间。原本处于较稳定状态的植物群落结构被破坏，导致群落演替停止或者逆行演替，严重影响区域生态系统功能（图 1-2）。

3. 土壤层破坏

由于植被的破坏，致使水土流失严重，大多宕口区域土壤层消失殆尽。开山采石对土壤的破坏，主要表现在表土的剥离，以及采石过程中山体破损、岩石的开裂与破碎使得山体表层土壤的层次和结构受到破坏。此外，采石过程中所产生的废石、废渣占压土地，车辆、机械的往复走动碾压、

图 1-1　松动的山体　　　　　　　　图 1-2　被破坏的植被

图 1-3 被碾压、占压的土地

破坏土层等（图 1-3）。据有关研究统计，当前中国有超过 1300 万 hm^2 的土地因土地开发或矿产资源开采等活动被挖损、占用或者塌陷。

4. 生态景观破坏

采石山体表面森林、地被等自然植物被砍伐毁坏，原有的绿色植被荡然无存，取而代之的是光秃的山体缺口、破碎的乱石，毫无生机，严重破坏了自然景观带给人们的生态美感（图 1-4）。特别是部分大型采石场依附于风景名胜、文化遗迹、地质遗迹之中或分布在名山大川周围，对其大规模开采过程中必然对这些风景名胜、文化遗迹、地质遗迹产生不良影响和一定程度的破坏。

5. 水安全影响

开采过程如不采取相应的水土保持措施，一遇降雨，不但对山体本身造成严重的水土流失，而且还会对下游水体、低海拔区域等产生影响，具有破坏面积大、流失程度大、恢复难度大的特征。此外，废弃采石宕口以石质为主，不能发挥土壤应有的下渗功能。雨天过后，低洼处积水，水质易下降，积水在雨天溢出会污染地表径流（图 1-5）。

6. 生物多样性受损

山体植被和土壤的毁坏，致使野生动植物生存环境恶化。栖息地的破坏进而导致动物的迁移或者死亡，食物链被破坏，生态系统的平衡被打破，物种数量减少。由于物种发生改变，还可能使地带性优势植物变成次生植物，在群落层次上造成结构单一，物种多样性减少（图 1-6）。

图 1-4　被破坏的自然景观

图 1-5　低洼处积水

图 1-6　毫无生机的宕口

1.2 采石宕口生态修复研究进展与实践

1.2.1 国外采石宕口生态修复研究进展与实践

西方发达国家矿山改造起步较早，如 1863 年建成的巴黎 Buttes Chaumont 公园便是由设计师 J.C.Alphand 将一座废弃采石场旧址上一部分石灰岩地形保留下来，并改造其中脏乱的垃圾填埋场，通过设计强化，改造局部地形，栽植大量绿化树木，从而打造成优美的风景园林景观。20 世纪 70 年代以后，废弃采石场生态修复问题得到更多关注。1972 年，瑞士在采石场生态和景观修复工程中，开始注重尽量降低对周边景观的影响，将废弃采石场修复开发的景观合理地融入周围大环境之中，同时保障该区域的生态平衡和系统循环，保证水资源的质量和分布范围及生物多样性。1989 年，法国采石场生态和景观修复工程中，设计师充分考虑了区域环境的复杂性以及工程技术上的局限性，将现有地质地貌与工程技术、景观效果相结合，不仅修复了边坡的生态问题，还为游人提供了一个休憩游玩的通道，便于游人从山谷顶部进入谷底。到 20 世纪 90 年代初期，针对采矿形成的悬崖的植被恢复，出现了"表面地形复制技术"，即通过控制性的爆破等手段，对悬崖进行较大规模的地形地貌改造，使悬崖形成梯级、缓坡的形式，从而完成对陡峭悬崖表面的生境改造；液压喷播技术也逐渐应用于采石悬崖的植被恢复。之后，国际上涌现了一些采石场改造更新的典型案例，为城市采石宕口生态修复开拓了新思路、提供了新技术。

日本国营明石海峡公园原为一处大型采石采砂场，挖掘深度 100m 以上，构成面积达 140km^2 的裸露山体。20 世纪 90 年代开始推进生态恢复，修复主题是"使园区得到生命的回归"，整体目标首先是治愈山体几十年来被开采留存的伤痕。工程从 1994 年开始，总计栽种了 24 万株树苗。一系列科学的种植方式使种植计划得以实现，具体包括在基岩上固定蜂窝状的立体金属板网，灌入新土后覆以草帘，以涵养水分；采用收集地表水、中水循环再利用等技术，以应对当地降水量相对较低；灌溉系统采用埋置聚乙烯管，密度为 1m 间隔。此外，公园还建成了包括国际会议中心、星级旅馆、大型温室、露天剧场等，成为区域的服务基础设施和休闲场所。

法国 Clairefontaine 峡谷顶部的 Biville 采石场的采石坑是一道长 450m、宽度均匀的直线形坡边槽，呈 45° 的边坡贫瘠且凹凸不平，落差 20~40m。改造中不刻意掩饰石料开采过程遗留的痕迹，而是将其作为场地特征保留，只确保最佳地点的连贯性以便于生态系统的自然恢复，然后再引入一些植被使废弃采石场恢复到一种自然状态，并通过一系列引导水流的措施，对场地里纵横不一的水流进行控制，使其汇聚到谷底形成湖泊，将其转化为新景观结构中有特色、标志性的场所，体现出对所在地历史文脉的尊重，形成了具有 3.5km² 湖泊的休闲区。其中，湖岸的处理满足当地最普遍的休闲活动——钓鱼。坑壁修建阶梯以方便游人进入谷底，每一个平台两旁都有金属网罩固定的石块作为保坎。阶梯的形式允许径流从高处的草地流入排水沟，保护地表免受水的冲击和侵蚀。场地每一部分都根据其自然特色及地形选择种植植物的种类和形式。从谷底观赏的巨大的石墙成为该地区最具象征性的景点。

古里水电站采石场是委内瑞拉兴建古里水电站工程形成的一处采料场。该采石场原来覆盖有一层薄薄的植被。大坝竣工后，工程附近环境遭到破坏，采石场留犬牙交错的岩面和砾石裸露，这些地区的地形变化高达 100m，感官差。古里水电站采石场的场地修复采用了生态修复计划。"生态恢复计划"概念是"以自然恢复的方式拯救自然"，分为引发阶段、恢复阶段、诊断检查阶段、实验阶段、按合同种植阶段、持续处理阶段 6 个阶段。引发阶段主要是兴建滞洪堤、控制冲刷以及撒播受影响区原有植物的种子，使采石场的植物重新生长。后续各阶段主要是确定引发阶段的有效性，使就地种植的领先技术生效，确保引发和恢复步骤的形成，对在引发阶段以前未恢复区的种植工作加以控制，并使人类活动与生态系统协调一致。古里水电站采石场生态恢复以极低的成本快速、有效地形成植被，并在应用水草种植技术方面走在南美国家前列。

1.2.2　国内采石宕口生态修复研究进展与实践

中国矿山废弃地生态修复起步较晚，到 1980 年代，采石场生态修复仅仅处于低水平、小规模、单纯覆绿的状态。到 1990 年代，废弃采石场生态植被恢复工程开始逐渐增多。进入 21 世纪后我国加强了对生态恢复工作的重视，对采石场自然恢复过程中土壤种子库、土壤特性及早期植物群落演替，植被恢复中的植物选择和搭配，陡峭石壁、斜坡、裸岩等开采面治理等方面进行了大量研究，形成了一批成果，为推进采石场生态恢复提供了理论和技术支持。同时，各地在废弃采石场生态恢复实践方面也有长足进步，江苏、浙江、山东、广东等地推进实施了较大规模的采石场综合治理工程，涌现出徐州市金龙湖东珠山宕口公园、威海华夏城采石场生态修复、上海辰山植物园、南宁园博园采石场花园等一批较为成功的实践探索案例。在不断实践中，我国在地质灾害隐患消除治理、地形重塑、土壤重构、植被恢复等方面涌现出实用性强的采石宕口生态恢复技术。

1. 地质灾害隐患治理

采石宕口的地质灾害隐患，主要有滑动体、破碎斜坡等不稳定边坡，危岩体、高边坡、险崖、崖壁等可能产生崩塌的不稳定岩体。不稳定边坡工程治理措施主要包括削方减载、回填反压、挡土墙、抗滑桩、格构锚固、锚杆（索）加固、坡面防护与排水阻渗透等。崩塌一般采用清除危岩体、消除陡立高边坡等措施，或支撑、锚固、修筑拦挡工程和排水工程等措施。在对潜在的不稳定边坡、不稳定岩体等灾害隐患进行治理的同时，还需积极防治宕口相邻山体的水土流失，既可以配合灾害隐患的防除，避免产生新的地质灾害隐患，又有利于土壤重构、植被恢复等阶段的工程施工。防治水土流失的主要措施包括拦挡工程、截排水工程、坡面防护工程、生态恢复工程等。

2. 地形重塑技术

地形重塑指为适于新的用途需要而对既有地形实施的一定的修形整理。地形重塑方法主要有梯田法、挖深垫浅法、废弃物充填法等。梯田法即沿等高线平整矿区土地，改造成环形宽条带水平梯田或梯田绿化带，一般适用于坡度较缓的采石宕口。挖深垫浅法即将较深的石坑再挖深，形成水塘，再用挖出碎石垫高下沉较小地区，覆土后，作为耕地或其他用地。废弃物充填法即利用采石宕口遗留的碎石块、石渣等废弃物作为填充物，将低洼的石坑垫平后覆土。

3. 土壤重构技术

对采石宕口没有土壤有效覆盖的区域，生态修复过程应根据需要重构土壤。土壤重构的技术，平缓坡可直接采用客土覆盖法；陡急坡及以上坡度的边坡则需要在客土中加入一定的团粒剂、木纤维、保水剂及粘合剂等，使客土形成团粒化结构，且具有耐雨水、风侵蚀，牢固透气，与自然表土相类似或更优的多孔稳定土壤结构。

现行行业标准《土地复垦质量控制标准》TD/T 1036—2013 规定，对已有风化层的废石场，风化层层厚在 10cm 以上，颗粒细，pH 值适中，可无覆土直接种植植被；而对于风化层薄，含盐量高或具有酸性污染时，工程中一般采取调节 pH 值适中后，再采用客土法改良；不易风化的废石场须完全覆盖客土。

4. 植被恢复技术

采石宕口传统的植物种植方法有鱼鳞穴法、飘台法、燕窝法和垒砌阶梯法等。进入 21 世纪以来，植生基材喷附技术、植被混凝土技术、生态灌浆技术、生态植被袋与植被毯技术等针对性更好、更高效的植被重建技术得到广泛的应用。

植生基材喷附技术首先将有机质、保水剂、黏合剂、土壤改良剂、缓效肥、植物种子等材料经过科学试验，配置成核心基质材料，再根据施工现场可利用土源和施工现场的土壤地质条件，对基质进行二次调配，通过高压喷射系统将基质喷射到无或缺少土壤区域，由混入的植物种子发芽生长形成植被覆盖。该技术应用于坡度较大的坡面时，须与锚杆挂网等工程措施结合使用。

植被混凝土又名"植生混凝土"，指能够适应绿色植物生长、又具有一定的防护功能的混凝土及其制品。由砂壤土、水泥、有机质、特有的添加剂混合组成，利用搅拌机充分搅拌后使用。其中表层基材搅拌时应加入按设计要求的植物种子。植被混凝土应根据边坡地理位置、边坡角度、岩石性质、绿化要求等来确定水泥、土、腐殖质、保水剂、混凝土添加剂及混合植绿种子的组成比例。

生态灌浆技术借鉴工程灌浆技术，主要适用于石质堆渣、卵石滩地等地表物质呈块状、空隙大、缺少植物生长土壤物质基础的区域，先将植被恢复基质材料、黏土、水按一定比例配制成浆状，然后对目标区域进行灌浆，形成可给植物生长提供土壤和肥力的条件，使植被恢复成为可能。

生态植被袋技术将选定的植物种子通过两层木浆纸附着在可降解的纤维材料编织袋内侧，施工时在植被袋内装入营养土，封口后按照坡面防护要求码放，经过浇水养护，实现生态修复。

生态植被毯是利用稻草、麦秸等植物为载体原料，在载体层添加草种、保水剂、营养土等，达到边坡植被恢复效果的技术，是简洁有效的水土保持植被恢复措施。

1.2.3 采石宕口生态修复存在的主要问题

1. 修复规划目标的制定缺乏系统调查评估

大多采石宕口生态修复研究仅对采石宕口区域的自然地理、场地地形地貌等进行调查，缺乏对采石宕口形成原因、采石历史、场地地质环境、潜在景观与人文资源、生物资源、经济社会条件等方面开展全面、综合的调查评估。没有全面系统地调查评估，会影响修复目标的确定，如修复目标过于保守，将造成场地资源得不到有效利用；如修复目标过于激进，又将造成投入资金的巨大浪费。修复目标以短期快速覆绿为主，侧重对植物栽植技术的研究，对宕口边坡治理、废弃渣石的处理等潜在地质灾害隐患的调查和消除技术，以及采石遗迹保护与利用等还缺乏系统研究。采石遗迹的文化展示和科普教育的功能目标不能得到体现，甚至围绕植物栽植而盲目改造地形，破坏原本极具场地特色的地形地貌，生态修复未能充分凸显场地特色与场所精神。

2. 修复工程技术缺乏有针对性的系统研究

采石宕口立地条件复杂，碎片化、大而化之的修复技术难以取得最优修复效果。在地质灾害隐患消除阶段，采石宕口的不稳定岩体有危岩体、陡立宕口、高边坡、破碎斜坡之分。危岩体的位置、形态、体积、受损方式、控制结构面等因素，陡立宕口的岩性、结构面、地下水发育等情况，高边坡的坡高、坡形、基底风化程度等条件以及破碎斜坡的破碎层厚度、规模、破碎程度等状态，均决定了对其需要采取何种有效的防治措施。采石宕口的地形重塑也应根据岩体状态，结合景观美学原则，一方面严禁产生新的地质灾害隐患，并满足承载土壤、植物种植的要求；另一方面还要保留和塑造富有特色的地形和多样化的生境，满足景观优化与提升的需要。植被重建阶段，采石宕口的土壤区、基岩区与水塘湿地区，需选择适宜的植物种类，并采取不同的植被建植方法，同时，根据其山体坡面倾角的不同，也应施用相对应的适宜技术。

3. 忽略植物的适应性和生态功能

一些采石宕口生态修复工程的植物选择上，仍采用一般园林绿化工程的植物品种、配置方式等，忽略了植物的适应性和生态功能，缺少对乡土植物及植被自然恢复的研究。植被无法应对采石宕口干旱、土壤瘠薄等恶劣条件，缺乏自然存活条件和能力，不仅导致生态修复费用高昂且需要长期、持续高额的后期管护资金投入，而且即使在高投入的养护下也难以正常生长。植物生长势弱且群落生态稳定性差，容易退化或造成绿地斑秃，更不能有效发挥出水土保持、城市防护等生态功能。

4. 缺少修复效果的评价和动态监测

当前中国各类矿区生态修复工程，缺少统一的评价体系、评价标准和长期的动态监测，不能形成"从摸底调查评估到评价与监测，结果反向指导修复"全面、系统的生态修复技术闭环。采石宕口生态修复技术作为一个新兴的技术领域，不是在工程施工结束后就终止的，不但需要一般绿化工程中对植被的持续管护，还需要对地质灾害隐患防治工程稳定性、生态护坡结构稳定性和水、植被及生物多样性变化情况等进行长期动态监测，并对各阶段的修复效果进行评价，发现问题后及时整改，保障工程质量以达到生态修复的预期目标。同时，采石宕口生态修复工程质量的监测与评价，对同类型的城市废弃地生态修复工程也会起到借鉴与指导作用。

1.3　公园城市理念对采石宕口生态修复的要求

1.3.1　生态优先

采石宕口生态修复应遵循生态文明理念，坚持"尊重自然、顺应自然和保护自然"和"在保护中治理，在治理中保护"，充分利用采石宕口原有地形地貌、自然文化遗存和景观格局，严格保护修复治理区域内现存未遭破坏的生态资源，避免过分干预或再度破坏。采石宕口生态修复首先要尽可能减少对自然的过度扰动、对生态环境的二次破坏，严格保护采石宕口周边未被破坏或已自然恢复的山体和植被。其次，在修复工程中，充分利用现有植物、土壤等资源，优先使用乡土植物，努力建成与周边环境相似的植物群落，促进区域生态系统趋于稳定。

1.3.2 以人民为中心

采石宕口生态修复要以满足城市居民生活需求和实现他们对美好生活的向往为出发点和落脚点，让生态修复后的废弃采石宕口成为城市大生态中重要的生态节点和居民可亲近的便民利民之处。居民不但能享受其生态美，享受其景观美，还能"望得见山、看得见水、记得住乡愁"。采石宕口范围内依赖开采活动所存在的厂房、生产车间、矿工居住区等基础设施以及采石遗迹等，都会深深地嵌入到周边人们的观念和城市景观之中。对工业遗产要进行保护、维护，并根据工业遗产的现状和其所处环境的整体规划，融入重建的景观，不仅可以发挥工业遗产的价值，还可以保留人们的乡土记忆。这就要求生态修复要融入让居民生活更舒适的理念，在依托现有山水脉络、山体特征打造独特风光的同时，要注重保护和利用现有地形地貌、采石遗迹与设施等，打造与自然环境浑然天成和能够延续场址文化与地域文脉的景观，保障市民在物质、精神等多方面的需求。

1.3.3 统筹协调

采石宕口在一些城市的空间体系中占很大的比例，这个尺度较大的废弃空间将重新划分利用还是整个地段的完整保留，在重建的同时如何与城市其他空间更好地衔接起来，如何改造才能更好地促进整个城市的发展，是采石宕口生态修复过程中需要考虑的问题。采石宕口生态修复需要统筹宕口与山体、场地与城市、经济合理性与技术可行性、自然恢复与人工修复、自然资源与人文资源的关系，制定科学的修复治理规划目标。在生态修复过程中综合采用资源循环利用、节能减排、协同治理等绿色发展措施，提升生态修复后废弃采石宕口整体服务功能。

1.3.4　因地制宜

　　采石宕口生态修复在目标与规划层面应根据评估结果，全面考虑废弃采石宕口的地理位置、破坏程度、外部环境等因素，因地制宜制定修复后土地的利用目标和生态修复的最佳方案；在生态修复工程施工过程中，要根据采石宕口类型，因地制宜制定切实可行的修复措施，特别是针对废弃采石宕口的复杂立地条件和地形特征，要"分级、分类、分区"，划分不同的区域类型，确定适用技术、植物种类等。

第 2 章

采石宕口生态修复规划

采石宕口生态修复规划要紧紧以公园城市理念为指引，在尊重自然规律和城市发展规律的前提下，综合分析废弃采石场场址状况、存在问题，统筹好生态和经济社会两大系统，坚持以人民为中心的核心宗旨，分区、分类、分级开展顶层设计。

2.1　规划目标

采石宕口生态修复规划目标应突出"以终为始"的特点，结合区域生态功能区划、区域环境功能区划以及区域经济社会发展、土地利用、生态保护建设、城乡发展等规划要求，确定生态修复后再利用方向，进而在此基础上制定规划目标。

位于城区内的采石废弃地因其优越的区位与周边完善的基础设施，具有巨大的土地价值和升值潜力。法国 Biville 采石场、徐州市金龙湖东珠山采石宕口、焦作市缝山采石场等在人居环境提升的基础上，突出公共的健身运动、休闲娱乐功能，开发为特色公园，并通过项目建设，带动周边区域经济与环境发展，提升周边土地价值，为城市发展提供了长远的利益。旨在地产开发的上海洲际世茂仙境酒店便是由一片废弃的安山岩采石场开发建设为一个具有配套运动休闲的室外活动场地的洲际超五星级度假酒店。基于一些特殊的场地条件，如部分采石宕口震撼的矿坑、岩壁等，上海辰山采石场将山体西南侧采石遗址围合成一座矿坑花园，山体东南侧采石遗址改造成为植物专类园——岩石和药用植物园，打造成为高品质科普旅游景区。这些经典案例对如何"以终为始"制定采石宕口生态修复规划目标具有重要的参考价值和指导意义。

2.1.1　规划原则

1. 注重目标导向与问题导向相结合

采石宕口生态修复是针对城市经济发展时期产生的各种"城市病"和城市问题而提出的。问题导向是采石宕口生态修复工作的基本思路。而且，采石宕口生态修复并不独立于其他城市工作，而是共同推动城市在既有方向上健康有序地发展，其工作成效也需要以实现城市发展目标为衡量标准。因此，采石宕口生态修复是一个着眼现在、实现未来的工作，既要综合分析现有城市问题，以有针对性和可操作性的手段，按轻重缓急予以解决，又要服务于既定的城市发展目标，带来城市生态环境、综合品质、服务能力三方面的提升。

2. 注重规划引导与行动实施相结合

采石宕口生态修复工作首先覆盖面广，包含了规划设计编制、政策法规制定、项目实施管理等多个系统，涉及规划、建筑、交通、景观等多个专业；其次，工作层次深，包含了宏观城市、中观片区和微观节点各个深度；最后，工作周期长，推进工作一环扣一环，近、中、远期逐步见效。因此，采石宕口生态修复项目应以总体规划为引领，整合资源，统筹全局，再制定实施框架，分解任务，逐项编制专项规划，有周期、按步骤、持续渐进地实施落实，从而保证目标的实现和问题的有效解决。

3. 注重整体系统与局部重点相结合

城市具有系统性、开放性和复杂性的特征。"城市病"的出现不是城市局部出现问题，而是源自城市整体系统的落后；"城市病"也不是各个独立的问题，而是由多个问题互相关联、互相叠加产生的。为了维持既有城市系统的高效运转和空间品质，城市问题的解决不允许"全面开花""大拆大建"。因此，采石宕口生态修复工作，一方面要求"着眼全局"，系统性、整体性地理清采石宕口带来的城市问题的产生原因、程度、重点、难点和相互关系，以保证"对症下药"；另一方面又要"突出重点"，简化思路，提高效率，集关键之力突破重点问题，以小博大，发挥示范和催化效用，最终"以点带面，盘活全局"。

4. 注重政府统筹与社会参与相结合

治理城市问题，促进城市发展，是城市政府的本职工作，也需要发动各种力量、联动各种资源开展系统性工作。采石宕口生态修复搭建的工作框架在未来也可能成为政府的常态化工作，可见政府的统筹是工作开展的根本前提。同时，城市问题的解决和城市的发展与全体市民息息相关。采石宕口生态修复实施过程需要全体市民的共同参与，实施效果也需要全体市民的共同检验，此外"新型城镇化"的过程也要求"以人为本"。因此，采石宕口生态修复工作既要城市政府发挥自上而下的统筹作用，又要求呼应自下而上的民生需求，听取公众声音，带动社会参与，优先解决公众急需解决的问题，改善与公众生活息息相关的物质环境与服务水平，获得社会的广泛支持和认可。

5. 注重技术支撑与行政法规相结合

以科学的方法对城市转型进行设计，"方法"是科学的核心所在。采石宕口生态修复是一种针对新时期城市转型发展的重要科学方法，"技术支撑"是保证其过程科学、成果有效的前提，尤其是在不同层面运用城市设计的思路与手段，落实城市规划，指导建筑设计，塑造城市风貌，营造空间环境品质；建立对城市生态过程的科学认识，以低扰动、近自然的修复方式，保护自然生态空间，修复生态网络，恢复城市生态系统的自我调节能力。同时，采石宕口生态修复又是一项城市治理工作。全面联动的行政组织体系、明晰的责权划分、详细的工作方案、长效的监督机制、法律法规的支撑是保障采石宕口生态修复工作有效实施的关键。

2.1.2　规划范围及分区

采石宕口生态修复的规划范围应为宕口区及周边生态功能丧失或下降的区域。明确范围之后，应坚持整体规划原则，按照修复规模、目标进行分区，跨越式与渐进式相结合，统筹制定实施方案。

在地质灾害隐患防治的基础上，根据规划目标和场地的立地条件，按照自然恢复优先、因地制宜的原则，将采石宕口修复区域划分为自然生态恢复区、人工促进生态恢复区和景观提升区，以采取对应的方法策略和技术措施。其中，自然生态恢复区和人工促进生态恢复区以修复场地生态系统为主要目的；景观提升区以打造城市景观或科普教育基地等为主要目的。

自然生态恢复区是指已有一定厚度可满足当地部分植物自然生长的自然土层（包括风化层）且有一定量的适生植物自然生长的区域，一般为因为人为干扰而植被部分破坏但仍有遗存或植被部分退化的区域，也可为被遗弃时间较长，在其风化层上自然生长出一些适生植物的采石宕口。

人工促进生态恢复区根据生境条件，可分为 3 种类型：

Ⅰ有土过渡带：处于"植被—宕口"过渡带，有一定厚度可满足当地部分植物自然生长的自然土层（包括风化层），但植被因采石活动（拓展采石机械操作面、车辆运输等而砍伐、去除植被）严重破坏而几乎无植被覆盖的区域。

Ⅱ无土过渡带：处于"植被—宕口"过渡带，因自然土层平均厚度过低不能满足当地植物自然生长或无自然土层而无植被覆盖的区域。

Ⅲ宕口核心区：无自然土层、无植被覆盖的宕口区域。

景观提升区是指根据规划目标，除需对场地生态功能进行修复外，还需要根据社会、经济等区域发展规划，进行景观提升的区域。

2.1.3　分区修复优先级别划分

自然生态恢复区和人工促进生态恢复区按照其生境条件，确定修复的优先级别（表 2-1）。景观提升区须从当地人民需求和社会经济发展的角度，衡量对其生态修复的迫切性。

生态修复分区优先级别划分　　　　　　　　　　　　　　　　　　　　表 2-1

分区名称		修复优先级别
自然生态恢复区		★★★★
人工促进生态恢复区	有土过渡带	★★★
	无土过渡带	★★
	宕口核心区	★
景观提升区		※

注：※ 景观提升区的优先级别需根据当地人民需求和社会经济发展状况等因素确定。

2.1.4 目标体系

根据采石宕口及其周边场地现状，可将生态修复规划目标分为 2 大类。一是达到"近自然"状态，主要发挥城市生态防护或生态涵养功能，即生态修复后，其生态系统的关键属性非常接近参照生态系统；二是结合场地特征、采石遗存、区域文化等，打造成为独具特色的城市景观或科普教育基地等，围绕市民需求，成为便民、利民的美好场所。

规划目标还可包括远期目标和近期目标、总体目标和分区目标、目标层和指标层。目标层应包括规划用途（如生态涵养、园林景观、科普教育等）、生态修复目标、资源利用目标、景观目标等；指标层应对目标层进行细化。

2.2 规划调查

在生态修复前，对采石宕口及其所在区域进行调查评估，可以比较全面、客观地了解场地现状，明确需要保护和修复的范围和目标，为科学制定生态修复规划打好基础。

2.2.1 调查范围

调查范围包括采石宕口及其周边区域和与采石宕口开采活动前生态环境相似但未被破坏的区域。调查与采石宕口开采活动前生态环境相似但未被破坏的区域，可为采石宕口生态修复提供一种适应本地的自然模式——参照生态系统。调查内容包括采石宕口地质安全条件、自然资源与生态环境条件、经济社会与人文条件三方面内容（表 2-2）。

调查内容　　　　　　　　　　　　　　　　　　　　　　　　　　　　　　　　　　　表 2-2

类别	项目	内容
采石宕口地质安全条件	地质灾害隐患	调查影响采石宕口地质安全的危岩体、陡立宕口、高边坡和破碎斜坡等主要岩体形态的规模、分布及发育程度等，说明采石宕口地质灾害隐患的类型、规模、分布及状态等
	地形地貌	调查和说明采石宕口地形地貌特征
	采石宕口现状	调查和说明采石宕口内剥离的表土、开采的岩石碎块及劣质石块组成的废石堆、开采的岩石经分选出优质岩石后的剩余物组成及采矿作业面等
自然资源与生态环境条件	气象	调查和说明采石宕口及其周边区域和参照生态系统的光、热、水等气象条件
	水文	调查和说明采石宕口及其周边区域和参照生态系统的基本水文特征
	土壤	按土壤类型分别调查各类土壤的覆被度、侵蚀度、基本理化性状和土壤肥力等情况，说明采石宕口及其周边区域和参照生态系统的土壤类型、分布、质量状况等
	生物资源	植物资源包括采石宕口及其周边区域和参照生态系统的植物种类、数量，植被类型、分布，植物群落类型、组成、结构、分布、覆盖度（郁闭度）和高度。动物资源包括采石宕口及其周边区域和参照生态系统的陆生动物、水生动物、两栖动物、鸟类动物的种群数量、密度、濒危种分布、受威胁状况、栖息地状况、主导型动物种类、数量及繁殖和迁徙情况、相应动物的食源植物、蜜源植物等
	生态环境状况	对采石宕口及其周边区域和参照生态系统的生物多样性、植被覆盖、遭受的胁迫程度和生态环境破坏情况等进行调查
经济社会与人文条件	经济地理	调查和说明采石宕口的边界范围和所在地行政隶属，周边主要城市或村镇、主要交通枢纽、风景名胜（旅游）区等
	社会发展水平	调查和说明采石宕口所在行政区的人口、土地、经济活动类型及区域发展相关规划等
	土地利用现状	调查和说明采石宕口周边土地利用类型、规模、分布和权属情况
	历史人文资源	调查和说明采石宕口的历史变迁、生产工艺和规模、闭矿时间等，以及场区工业遗产的类型、分布、状态、历史文化价值及场周边区域的人文资源

2.2.2　调查方法

调查方法主要有资料收集、现场调查和人员访谈等。

资料收集包括所在区域的自然和经济社会信息，采石宕口土地利用变迁资料、环境资料、相关记录和其他相关文件等的收集，并对收集到的资料进行全面查阅和分析，根据专业知识和经验识别资料中不合理信息，将有效信息汇总归档。

现场调查应根据调查目的和内容进行踏勘普查、样地详查和勘探调查等，并做好各项记录，调查方法应符合行业调查规范。

人员访谈内容主要针对资料收集和现场踏勘所涉及的疑问，通过访谈对信息进行补充和已有资料的考证。受访者为采石宕口及其周边区域现状或历史的知情人。

2.3　规划评估

在调查结束后，根据调查内容分项或整体进行科学的评估，可为采石场生态修复过程分出轻重缓急及科学合理制定规划方案提供依据。

2.3.1　地质安全条件评估

地质安全条件评估范围为采石宕口及其邻近区域，评估过程中按照要求划分评价单元。以评价单元为单位，现场踏查、勘测为基础，结合前人地质安全研究成果资料，分析各单元的地质安全风险因素，并判明对场地安全性的影响。评价单元的划分主要以危险、有害因素的类别为主划分评价单元，或以装置和物质的特征划分评价单元。

地质安全评估内容包括危岩、陡立宕口、高边坡和破碎斜坡等主要岩体形态以及扰动山体稳定状态等，以及采石宕口机械设施、矿山辅助建筑物和交通道路的稳定状态等。

按照岩性、坡高、裂隙发育程度等因素进行崩塌、滑坡等地质灾害危险性评估和风险预测评估。按照损坏程度、废弃时间等因素对采石宕口机械设施、矿山辅助建筑物和交通道路的稳定状态进行评估。根据地质安全评价结果可将采石宕口的地质安全性分为 4 个等级：

Ⅰ安全性好：地质环境条件优越，主要地质环境问题呈个别点状分布，能够很好地满足景观重建和工程建筑的要求。

Ⅱ安全性良：地质环境条件较好，地质环境问题呈线状分布，须采取一定的工程措施整治后才能满足景观重建和工程建筑的要求。

Ⅲ安全性一般：地质环境条件较差，地质环境问题呈面状分布，须采取较大的工程措施整治后才可满足景观重建和工程建筑的要求。

Ⅳ不安全：地质环境条件很差，地下地面地质环境问题呈立体分布，须采取全面的工程措施整治后才可满足景观重建和工程建筑的要求，或不可避让、难以治理。

2.3.2　自然资源与生态环境条件评估

自然资源与生态环境条件评估包括采石宕口及其所在区域的气象、水文（降水季节及降水强度、地下水）、土壤和生物资源、生态环境状况等。根据评估结果，可将自然资源与生态环境条件分为 5 个等级：

Ⅰ优：土壤条件良好，植被覆盖度高，生物多样性丰富，生态系统稳定；

Ⅱ良：土壤条件较好，植被覆盖度较高，生物多样性较丰富；

Ⅲ一般：土壤条件一般，植被覆盖度中等，生物多样性一般水平；

Ⅳ较差：土壤条件差，植被覆盖差，物种较少；

Ⅴ差：无土壤覆盖，无植被覆盖，物种极少。

其中，重要生物群（种）生境对采石宕口生态修复至关重要，可作为重点单独评估。根据生物资源调查结果，说明采石宕口及其周边区域、参照生态系统内是否有列入国家保护名录的物种、土著成分或有害物种存在，如有，应说明该物种的种类、生理特性、分布情况。有害物种还要调查和说明入侵速度和入侵来源。列入国家保护名录的物种、土著成分可确定为重要生物群（种），作为采石宕口生态修复过程中优先考虑引入的动植物种类。需评估重要生物群（种）生存繁衍所需要的最低栖息地面积、光照、水生环境、天敌、食物、种群关系、生态干扰等生境条件，以及人为引入重要生物群（种），采石宕口及其所在区域需要改善的条件及程度。

2.3.3 经济社会与人文资源条件评估

经济社会与人文资源条件评估即对区域经济条件、土地利用现状、人文资源与自然地理区位、经济地理区位和交通地理区位等进行分析，结合区域经济社会发展规划、土地利用规划、区域生态功能区规划、城乡发展规划等宏观规划的要求综合评估生态修复后土地的利用功能。

2.4 规划方案制定

采石宕口生态修复规划方案应方法具体，措施到位，为后续的生态修复工程提供指引及保障。规划方案需要统筹考虑区域经济发展水平、人文和自然资源，宜与所在区域生态环境整治、旅游景观等工程统筹推进。

依据采石宕口现状和生态修复规划目标，以规划区为基准，明确规划的范围与时限、分区方案和土地利用目标、生态修复指标、景观质量指标等，因地制宜合理选择生态修复方式，制定地质灾害隐患防治、地形塑造与土壤层构建、植被恢复和景观提升等工程方案，并对所采取的技术措施、技术指标、技术可行性进行说明。其中，地质灾害隐患防治工程、水土保持工程、生态修复与景观重建工程的具体技术方法和措施需要重点说明。

　　规划方案还应包括生态修复工程保障措施，含组织管理措施、技术保障措施和资金保障措施（资金来源、责任主体）等。依据工程技术方案，开展对地质安全隐患消除工程、水土保持工程、生态修复与景观重建工程等各类工程所需资金估算，并制定投资预算。

第 3 章

采石宕口生态修复技术

采石宕口生态修复技术是利用科学手段除险防灾、稳固边坡和岩体，同时通过形成承载土壤的地形、构建土壤层、防治水土流失、建立先锋物种群落而逐渐恢复自然生态环境，并结合场地特征形成特殊的园林景观，是集岩土工程、恢复生态学、植物学、土壤肥料学和景观学等多学科于一体的综合工程技术，是采石宕口生态修复和土地再利用的基础。

3.1　地质灾害隐患防治

采石破坏原有山体，并使山体的稳定性受到影响，不可避免地会产生可能导致崩塌、滑坡、泥石流等地质灾害的隐患。不同的采石方式、采石规模对山体的影响程度不同，会产生不同的地质灾害隐患类型，导致不同的灾害后果。地质灾害突发性、继发性强，历时短，故制定合理经济有效的防治措施至关重要，也是生态修复的前提。采石宕口作为矿山废弃地的一种，既具有矿山废弃地的一般特征，也具有其独有的特征，其恢复治理过程与一般矿山的恢复治理也要区别开来。

在对采石宕口进行恢复治理时，首先要对其区域内的地质灾害进行排查，再对各种地质灾害进行防治。在对地质灾害进行排查之前，首先要了解导致地质灾害发生的三个因素。一是地质因素，这里是指内动力地质作用，包括岩浆作用、地震作用、地壳运动等。地质作用直接影响各种类型岩土体的外形外貌、内部构造等，继而引发山体滑坡。二是自然因素，这里是指外动力地质作用，包括风化作用、剥蚀作用、搬运作用等。而引起地质灾害的自然因素包括降雨、降雪等，可引发泥石流。三是人为因素，指人类对山体进行开凿、爆破等。对山体的开凿和爆破，直接改变岩土体的外貌，并引发不稳定岩土体的崩塌、滑坡。

3.1.1　地质灾害隐患的类型

采石活动往往会留下坡度较大的边坡、近乎垂直的石壁等被破坏的岩体面貌。采石场在进行采石活动时，大都为了降低成本，会进行垂直开采，余留近乎垂直的高低不等的石壁，石壁坡度为 80°~90°，石壁壁面几乎没有土壤，由坚硬石块构成，形成危岩体。采石活动遗留的边坡坡度一般在40°~70° 之间，由坚硬的碎石和石块构成，上覆较薄的土层，坡面会有结构松散处的碎石滚落，在自然因素（如暴雨、洪水、地震等）的影响下，甚至会发生滑坡、泥石流等地质灾害。因此，边坡的治理十分关键。采石宕口的边坡按其主要成分的不同可分为以下三类：

一是整个边坡的成分以泥土为主，碎石和石块较少。此类边坡在雨雪天气的影响下易发生滑坡、泥石流、水土流失。对其的治理应以植物护坡为主，支挡工程为辅。护坡植物应选取根系发达且适生性强的植物。根系发达植物的根系伸至土层深处，起到类似锚杆的作用。根系稍浅植物的根系可在浅土层盘中交错，与浅土层相互依存，起到固定作用。根据废弃采石场所在地的气候的不同，护坡植物也存在地域性的差异。此类边坡的支挡工程较为简单，因其土质边坡的特征，一般需要修建排水沟。在地质活动频繁的区域，可在边坡外围修筑石砌围堰，围堰的高度根据边坡高度决定。用围堰完成对土质边坡的支挡，可将围堰规划为地形地貌修整后的一部分。

二是边坡成分以泥土和碎石为主，两者混合且比例相当。此类边坡在自然因素或人为因素的影响下，易发生滑坡、泥石流、崩塌等地质灾害，其治理以稳定边坡为主。此类边坡治理主要采取的工程措施包括：修建排水沟、土钉墙、三维植被网等。土钉墙主要由锚杆、混凝土面板、锚板组成，先将锚杆固定至边坡，然后将混凝土面板和锚板固定至锚杆，使得锚杆、混凝土面板、锚板成为一体，形成"土钉墙"，以维护加固土钉墙覆盖区域。三维植被网是以热塑树脂为原材料，分为上下两层的立体网结构。三维植被网面层外观凹凸不平，将其固定至坡面后，喷射草种和基质混合物，即对坡面表层的植被防护，不仅具有固土效果，且能有效防治水土流失。

三是边坡成分以坚硬石块为主，泥土成分特别少，坡度多在 70° 以上；采石残留石壁与此边坡类似，坡度较大，近乎直立。此类边坡立地条件恶劣，植物很难生长，常采用工程支挡措施对其进行支护。此类边坡采用钢筋框架和锚杆来加固边坡。

当开采活动区域在地表以下时，会形成露天采石坑。采石坑的存在对地貌环境影响较大，其存在也影响了相邻边坡的稳定性，对采石坑的治理也要引起重视。

从发生学角度看，采石宕口地质灾害隐患的类型主要有采石后形成的危岩体、陡立宕口、高边坡和破碎斜坡滑动体4类不稳定裸露岩石、山体。这些不稳定裸露岩石、山体在阳光、空气、水、生物等各种自然风化营力和重力的作用之下，可能形成崩塌、滑坡、泥石流等地质灾害。

1. 危岩体

（1）定义

陡峭斜坡上尚未发生危岩体（崩塌），但具备发生危岩体（崩塌）的主要条件，且已出现危岩体（崩塌）前兆的岩体，是潜在的危岩体（崩塌）的发生体。

（2）形态及变形特征

采石宕口的危岩体通常呈薄片状、块状或不规则状。岩体内裂隙发育，岩体结构不完整，有大量与坡体倾向一致或平行延伸的裂隙或软弱带；岩体上部已有拉张裂隙出现，并不断扩展；岩体发生蠕变，出现坠石，预示危岩体（崩塌）随时可能发生。危岩体实景见图3-1。

2. 陡立宕口

（1）定义

坡体孤立陡峭高差大、岩面凸凹，前有较大临空面的（山嘴）陡坡，是潜在的危岩体（崩塌）。

（2）形态及变形特征

坡面总体陡立，坡度在50°以上，局部近直立或倒倾的形状。岩体表面裂隙发育，局部风化；岩体结构比较完整，局部存在不稳定层；表面岩体发生蠕变，出现坠石，预示危岩体（崩塌）随时可能发生。陡立宕口实景见图3-2。

3. 高边坡

（1）定义

边坡高度大于30m的岩质边坡、边坡高度大于15m的土质边坡，是潜在的滑坡、危岩体（崩塌）、泥石流、裂缝发生体。

图 3-1　危岩体

图 3-2　陡立宕口

图 3-3　高边坡

图 3-4　破碎斜坡滑动体

（2）形态及变形特征

坡体高陡，坡面较光滑，坡面无分级平台或者分级平台较窄。受自然环境因素侵蚀明显，局部有裂痕或者节理；坡体结构总体比较完整，局部存在不稳定，结构面抗剪强度低；坡面出现裂缝，预示危岩体（崩塌）、滑坡随时发生。高边坡是采石宕口中危害最大的一个隐患。高边坡实景见图 3-3。

4. 破碎斜坡滑动体

（1）定义

表面破碎的岩质边坡，是潜在的落石、泥石流、滑坡发生体。

（2）形态及变形特征

坡体表面凸凹不平，岩块大小不一，有裂隙。大面积岩石受到扰动，岩块脱离母岩，不稳定，易有落石滑动体发生。破碎斜坡滑动体实景见图 3-4。

3.1.2　地质灾害隐患专项调查

废弃采石场的地质灾害治理主要以预防为主，以诱发废采石场内地质灾害的三类因素为依据，首先要排查出有可能发生地质灾害的区域，进行排查的重点区域包括地层不稳定区域、岩土体结构不紧密区域和人为开采活动区域。

对排查出的潜在区域，进行重点监测，建立地质灾害防灾机制；对已出现的地质灾害，采取有效的工程措施，积极治理。

地质灾害隐患调查，应在查明调查区的气象（重点是大气降水和水的活动情况）、水文、地震等基本状况基础上，对影响采石宕口安全的危岩体、陡立宕口、高边坡和破碎斜坡等主要岩体形态的规模、分布及发育程度等进行调查，详细说明采石宕口地质灾害隐患的类型、规模、分布及状态等。

1. 危岩体（崩塌）调查

（1）危岩体（崩塌）区的地形地貌、地质构造，包括危岩体（崩塌）类型、规模、范围和崩落方向；

（2）危岩体（崩塌）区岩体的岩性特征，包括岩体结构类型、结构面的产状、组合关系、闭合程度、力学属性、延展及贯穿情况及编绘危岩体（崩塌）区的地质构造图，岩体风化程度等；

（3）当地防治危岩体（崩塌）的经验。

2. 陡立宕口和高边坡调查

（1）陡立宕口或高边坡的坡高、坡长、坡度、坡向；

（2）地层岩性、产状、断裂、节理、裂隙发育特征、软弱夹层岩性、产状、地层倾向与斜坡坡向的组合关系；

（3）风化残坡积层岩性、厚度，斜坡上部暴雨、地表水渗入或地下水对斜坡的影响，人为工程活动对斜坡的破坏情况等；

（4）可能构成陡立宕口和高边坡岩体崩塌、滑坡的结构面的边界条件、坡体异常情况等。有下列情况之一者，应视为可能失稳的斜坡：

1）各种类型的崩滑体；

2）斜坡岩体中有倾向坡外、倾角小于坡角的结构面存在；

3）斜坡被两组或两组以上结构面切割，形成不稳定棱体，其底棱线倾向坡外，且倾角小于斜坡坡角；

4）斜坡后缘已产生拉裂缝；

5）顺坡向卸荷裂隙发育的高陡斜坡；

6）裂隙发育、表层岩体已发生蠕动或变形的斜坡；

7）坡足或坡基存在缓倾的软弱层。

3. 破碎斜坡调查

（1）破碎斜坡的坡高、坡长、坡度、坡向；

（2）滑坡史与易滑地层分布；

（3）滑动带部位、滑痕指向、倾角，滑带的组成和岩土状态，裂缝的位置、方向、深度、宽度、产生时间、切割关系和力学属性；圈定滑坡周界、滑坡壁、滑坡平台、滑坡舌、滑坡裂缝、滑坡鼓丘等要素；

（4）滑坡带水和地下水的情况；

（5）滑坡带内外建筑物、树木等的变形、位移及其破坏的时间和过程；

（6）当地露采矿山整治滑坡的经验。分析滑坡的主滑方向、滑坡的主滑段、抗滑段及其变化，分析滑动面的层数、深度和埋藏条件及其向上、向下发展的可能性。

4. 泥石流调查

调查范围应包括沟谷至分水岭的全部地段和可能受泥石流影响的地段，调查内容包括以下几个方面：

（1）平均及一次最大降雨或冰雪融化雨（水）量，冰雪融化或雨洪最大流量，地下水活动的影响；

（2）地层岩性，地质构造，不良地质现象，松散堆积物的物质组成，分布和储量；

（3）沟谷的地形地貌特征，包括沟谷的发育程度、切割情况，坡度、弯曲、粗糙程度，并划分泥石流的形成区、流通区和堆积区及圈绘整个沟谷的汇水面积；

（4）形成区的水源类型、水量、汇水条件、山坡坡度，岩层性质及风化程度。查明断裂、滑坡、崩塌、岩堆等不良地质现象的发育情况及可能形成泥石流固体物质的分布范围、储量；

（5）流通区的沟床纵横坡度、跌水、急湾等特征。查明沟床两侧山坡坡度、稳定程度，沟床的冲淤变化和泥石流的痕迹；

（6）堆积区的堆积扇分布范围，表面形态，纵坡，植被，沟道变迁和冲淤情况；查明堆积物的性质、层次、厚度，一般粒径及最大粒径以及分布规律。判定堆积区的形成历史、堆积速度，估算一次最大堆积量；

（7）泥石流沟谷的历史，历次泥石流的发生时间、频数、规模、形成过程、暴发前的降雨情况和暴发后产生的灾害情况，并区分正常沟谷或低频率泥石流沟谷；

（8）开矿弃渣、修路切坡、砍伐森林、陡坡开荒及过度放牧等人类活动情况；

（9）当地防治泥石流的措施和经验。

3.1.3 地质灾害危险性评估

采石宕口地质灾害危险性评估，是在查明各种致灾地质作用的性质、规模和承灾对象的社会经济属性（承灾对象的价值）、可移动性等的基础上，通过致灾体稳定性、致灾体和承灾对象遭遇概率分析，对其潜在的危险性进行客观评估。

1. 评估分级

采石宕口地质灾害危险性评估工作，宜根据地质环境条件复杂程度和建设项目的重要性，分级进行。一般可分为 3 级，见表 3-1。

地质环境复杂程度分类见表 3-2。

建设项目重要性分类见表 3-3。

地质灾害危险性评估分级 [引自《工程地质手册（第五版）》，2018]　　表 3-1

项目重要性	地质环境复杂程度		
	复杂	中等复杂	简单
重要建设项目	一级	一级	二级
较重要建设项目	一级	二级	三级
一般建设项目	二级	三级	三级

地质环境复杂程度分类 [引自《工程地质手册（第五版）》, 2018]　　　　　　　　表 3-2

条件	类别		
	复杂	中等	简单
区域地质背景	区域地质构造条件复杂，建设场地有全新世活动断裂	区域地质构造条件较复杂，建设场地附近有全新世活动断裂	区域地质构造条件简单，建设场地附近无全新世活动断裂
地形地貌	地形复杂，相对高差 >200m，地面坡度以 >25° 为主，地貌类型多样	地形较简单，相对高差 50~200m，地面坡度以 8°~25° 为主，地貌类型较单一	地形较简单，相对高差 <50m，地面坡度 <8°，地貌类型单一
地层岩性和岩土工程地质性质	岩性岩相复杂多样，岩土体结构复杂，工程地质性质差	岩性岩相变化较大，岩土体结构较复杂，工程地质性质较差	岩性岩相变化小，岩土体结构较简单，工程地质性质良好
地质构造	地质构造复杂，褶皱、断裂发育，岩体破碎	地质构造较复杂，有褶皱、断裂分布，岩体较破碎	地质构造较简单，无褶皱、断裂发育，裂隙发育
水文地质条件	具多层含水层，水位年际变化 >20m，水文地质条件不良	具 2~3 层含水层，水位年际变化 5~20m，水文地质条件较差	单层含水层，水位年际变化 <5m，水文地质条件良好
地质灾害及不良地质现象	发育强烈，危害较大	发育中等，危害中等	发育弱或不发育，危害小
人类活动对地质环境的影响	人类活动强烈，对地质环境的影响、破坏严重	人类活动较强烈，对地质环境的影响、破坏较严重	人类活动一般，对地质环境的影响、破坏小

注：每类条件中，地质环境条件复杂程度按"就高不就低"的原则，有一条符合条件者即为该类型复杂类型。

项目重要性分类　　　　　　　　表 3-3

项目类型	项目类别
重要建设项目	含有 10hm² 及以上综合性园林建设，单项建筑面积 600m² 及以上的园林建筑，高度 21m 及以上的仿古塔，高度 9m 及以上的牌楼、牌坊等。
较重要建设项目	含有 5hm² 及以上综合性园林建设，单项建筑面积 300m² 及以上的园林建筑，高度 15m 及以上的仿古塔，高度 9m 及以上的重檐牌楼、牌坊等。
一般建设项目	含有 5hm² 以下综合性园林建设，单项建筑面积 300m² 以下的园林建筑，高度 15m 以下的仿古塔，高度 9m 以下的重檐牌楼、牌坊等。

2. 评估范围与内容

采石宕口地质灾害危险性评估的范围应根据生态修复工程的特点、地质环境条件和地质灾害的种类确定。通常情况下，危岩体（崩塌）、滑坡的评估范围应以第一斜坡带为限；泥石流必须以完整的沟道流域面积为评估范围；地裂缝应与初步推测可能延展、影响范围一致。

采石宕口地质灾害危险性评估内容包括：地质灾害危险性现状评估、地质灾害危险性预测评估和地质灾害危险性综合评估。

（1）地质灾害危险性现状评估

基本查明评估区已发生的危岩体（崩塌）、滑坡、泥石流等灾害形成的地质环境条件、分布、类型、规模、变形活动特征，主要诱发因素与形成机制，对其稳定性进行初步评价，在此基础上对其危险性和对工程危害的范围与程度做出评估。

（2）地质灾害危险性预测评估

地质灾害危险性预测评估内容包括：

1）对工程施工中、竣工后可能引发或加剧危岩体（崩塌）、滑坡、泥石流、地裂缝和不稳定的高陡边坡变形等的可能性、危险性和危害程度做出预测评估。

2）对工程自身可能遭受已存在的危岩体（崩塌）、滑坡、泥石流、地裂缝等危害和潜在不稳定斜坡变形的可能性、危险性和危害程度做出预测评估。

（3）地质灾害危险性综合评估

依据地质灾害危险性现状评估和预测评估结果，充分考虑评估区的地质环境条件的差异和潜在的地质灾害隐患点的分布、危险程度，进行生态修复区地质灾害危险性等级分区（段）。并依据地质灾害危险性、防治难度和防治效益，对生态修复场地的适宜性做出评估，提出防治地质灾害的措施和建议。

3. 评估深度

（1）一级评估

1）应有充足的基础资料，进行充分论证；

2）必须对评估区分布的各类地质灾害体的危险性和危害程度逐一进行现状评估；

3）对生态修复工程可能引发或加剧的和本身可能遭受的各类地质灾害的可能性和危害程度分别进行预测评估；

4）依据现状评估和预测评估结果，综合评估生态修复区地质灾害危险性程度，分区段划分出危险性等级、说明各区段主要地质灾害种类和危害程度，对生态修复场地适宜性做出评估，并提出有效防治地质灾害的措施和建议。

（2）二级评估

1）应有足够的基础资料，进行综合分析；

2）必须对评估区分布的各类地质灾害的危险性和危害程度逐一进行初步现状评估；

3）对生态修复区内，生态修复可能引发或加剧的和本身可能遭受的各类地质灾害的可能性和危害程度分别进行初步预测评估；

4）在上述评估的基础上，综合评估生态修复区地质灾害危险性程度，分区段分出危险性等级，说明各区段主要地质灾害种类和危害程度，对生态修复场地适宜性做出评估，并提出可行性的防治地质灾害措施和建议。

（3）三级评估

三级评估应对必要的基础资料进行分析，参照一级、二级评估要求的内容，做出概略评估。

4. 地质灾害危险性与建设适宜性分级

地质灾害危险性分级见表 3-4，建设用地适宜性分级见表 3-5。地质灾害危险性小，基本不需要防治工程的，土地适宜性为适宜；地质灾害危险性中等，防治工程简单的，土地适宜性为基本适宜；地质灾害危险性大，防治工程复杂的，土地适宜性为适宜性差。

地质灾害危险性分级 [引自《工程地质手册（第五版）》，2018]　　　　　　表 3-4

危害程度	发育程度		
	强发育	中等发育	弱发育
危害大	危险性大	危险性大	危险性中等
危害中等	危险性大	危险性中等	危险性中等
危害小	危险性中等	危险性小	危险性小

注：地质灾害危害程度见《地质灾害危险性评估规范》DZ/T 0286—2015。

建设用地适宜性分级表 [引自《工程地质手册（第五版）》，2018]   表 3-5

级别	分级说明
适宜	地质环境简单，工程建设遭受地质灾害危害的可能性小，引发、加剧地质灾害的可能性小，危险性小，易于处理
基本适宜	不良地质现象较发育，地质构造、地层岩性变化较大，工程建设遭受地质灾害危害的可能性中等，引发、加剧地质灾害的可能性中等，危险性中等，但可采取措施予以处理
适宜性差	地质灾害发育强烈，地质构造复杂，软弱结构发育，工程建设遭受地质灾害危害的可能性大，引发、加剧地质灾害的可能性大，危险性大，防治难度大

5. 评估成果报告

地质灾害危险性一、二级评估，要求提交地质灾害危险性评估报告书；三级评估应提交地质灾害危险性评估说明书。

地质灾害危险性评估成果报告书应包括地质灾害危险性评估报告书或说明书，并附评估区地质灾害分布图、地质灾害危险性综合分区评估图和有关的照片、地质地貌剖面图等。其中，分区（段）评估结果，应列表说明各区（段）的工程地质条件、存在和可能诱发的地质灾害种类、规模、稳定状态、对生态修复项目危害情况并提出防治要求。综合评估应根据各区（段）存在的和可能引发的灾种多少、规模、稳定性和承灾对象社会经济属性等，综合判定生态修复区地质灾害危险性的等级区（段）。

3.1.4 专项防治措施

采石宕口地质灾害隐患防治包括灾害预防和治理，在实践中并不是孤立存在的，大多数情况下都将两者结合在一起。采取的地质灾害隐患防治措施不得产生新的地质安全隐患，危岩体、陡立宕口、高边坡和破碎斜坡滑动体等地质灾害隐患，具体防治技术措施需要结合地质灾害的危险性评估结果来决定。地质灾害隐患防治措施应符合"预防为主、合理绕避、一次根治、技术可行和经济合理"的原则。由于影响边坡稳定性的不确定性因素太多，因此，目前在采石宕口地质灾害隐患防治工程中，对边坡支护结构采用极限状态设计原则来保证边坡的稳定性。地质灾害隐患防治常常受到各种类型的荷载作用，因此在边坡稳定性分析计算中应综合全面地考虑边坡所受荷载情况。故防治设计应根据相关现行规范规程，针对不同极限状态，对可能出现的作用荷载进行组合，取其最不利的情况进行设计。由于岩土工程中所涉及的岩土体材料的非均质性、非确定性、复杂可变性，因此研究对象的力学参数的确定往往十分复杂且不能保证百分之百的准确性，故在加固治理工程设计中普遍采用具有经验性和类比性的设计方法。为了保证加固治理工程的可靠性，就必须在工程施工的过程中，针对出现的问题和反馈的信息，及时对设计方案进行不断的修改完善、补充校核，提高加固设计方案的合理性、可靠性。在工程设计中，还应根据地质灾害隐患的类型、重要性，经过技术、经济和环保性能比选，在保证整体稳定的前提下，结合主体工程、周边环境以及整体美观、适用、经济等特点进行优化设计。总的来说，对于加固工程方案的设计，应贯彻执行国家的经济技术方针、政策、规范及条例，按照以人为本的可持续发展观，根据当地的自然地形、地质及当地的经验及技术条件，做到安全至上、合理布局、合理选材、节约资源、技术先进、质量优良、造价经济、施工方便、公众满意、人工环境与自然环境相和谐。

依据相关工程技术规范的相关规定，确定工程安全等级，经过对比各类加固方法的优缺点及适用条件，并结合工程实际特点、稳定性分析的结果，综合抗滑手段和经济合理性的比较，确定合理的除险、加固治理方案。除险、加固治理方案应能充分发挥材料性能，最大限度地利加强岩体的自稳能力，不能人为边治理边破坏岩体稳定性。传统的治理一般采用工程防护，包括修筑排水沟和采取合理措施进行支挡加固。对于坡体表面局部失稳、易崩坍、易冲刷的边坡，一般采用三维土工网垫、土工格栅、土工网、土工格室和浆砌片石形成框格等工程措施。对于深层失稳、容易产生滑坡的边坡，则采用钢筋混凝土形成框架，用锚杆或锚索加固边坡。

采石宕口地质灾害隐患消除工程施工难度大，安全防护难度大，安全风险高。由于危岩的特殊性，其边界条件、裂隙延伸情况及空间几何分布难以准确查清及在平面上准确表示，设计需动态进行。隐患灾害的发生具有偶然性和突发性，难以预测，勘查时应特别重视大体积的危岩体。进行工程治理时，分布于陡崖上的小块危岩，难以彻底查明根治。但陡崖上小块落石、即使是风化落石也可能产生人员伤亡，根治难度很大。施工作业面广、施工点多，清除时禁止上下同时作业，一般禁止夜间进行地质灾害隐患清除施工。

1. 危岩体治理

根据危岩体的位置、形态、体积、规模、受损方式、控制结构面等因素，危岩体隐患防治可选用以下技术措施。

（1）清除

清除包括人工锤击楔裂清除法、静态破碎清除法和爆破清除法三种。对于体积较小的浮石、独石采用人工锤击楔裂清除法（图3-5）；对于体积较大、人力清除困难的危岩体采用静态破碎清除法和爆破清除法。爆破清除需要编制专项爆破方案，并按照相关规定进行报审、审批。采用清除方式，应综合考虑环境、安全和经济因素慎重选择，在清除过程中应加强对危岩体的位移监测。

图 3-5　危岩体清除

（2）锚固

采用锚杆（索）进行锚固，施加预应力的锚杆（索）增大了与母岩分离面的正应力，使岩层形成压密带，阻止滑移、倾倒。锚固主要适用于滑移式、倾倒式的危岩体及规模大、主控结构面宽、坠落式危岩体积大且后缘无裂隙的危岩体。锚固施工时，应根据相关技术规范搭设脚手架，详细计算、分析脚手架在工作状态下的稳定状态，确保施工过程安全（图3-6）。锚杆是加固岩质边坡的有效措施，可用于防治滑坡和崩塌（图3-7）。锚杆的方向和设置深度应视边坡的结构特征而定。预应力的锚杆（索）锚固是和其他的抗滑措施组合应用的，不单独存在。

（3）排水

排水包括危岩体周围地表截、排水、危岩体内部排水以及防止地表水（雨水）沿裂隙下渗的封填措施。这三个部位的排水宜统一考虑，相辅相成，形成有效的排水防渗体系。由于排水系统是相互连通的，具有牵一发而动全身的连锁反应。若排水系统其中某个部分因稳定性的欠缺而遭到破损，必然会使其上、下游的沟渠以及坡体或岩体的稳定性、安全性受到威胁。在暴雨径流的冲击下，极有可能导致排水沟渠的大范围损毁。故在对

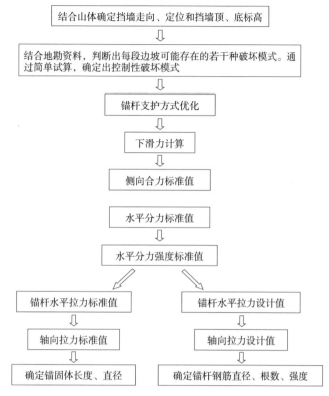

图 3-6　锚杆挡墙设计流程

排水系统进行工程治理时要关注于其系统的稳定性，主要包括排水沟渠的基底是否稳定，排水沟渠的铺棚是否会渗漏、开裂、变形、下沉，沟渠末端的冲刷是否导致基础脱空等。危岩体的后缘截、排水，宜设置截、排水明沟。截、排水沟一般设置在倾倒式危岩体的后缘及侧部的稳定岩体部位。大量研究发现，若排水系统自身稳定性不足，则会出现渗漏、变形、坍塌等灾害。故要确保排水系统的有效性，必须要保证排水沟渠的稳定，其稳定性主要反映在排水系统抵御暴雨径流和冲刷的能力，它是保证排水功能正常运作的基础。排水系统具有够的稳定性，才能使排水系统的各个组成部分能够合理组合、顺畅衔接，发挥排水系统的截水、输水和排水的整体效能。危岩体内部排水适用于危岩体后缘裂缝中裂隙水丰富的部位；封填适用于危岩

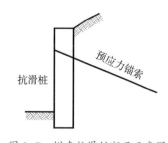

图 3-7　锚索抗滑桩断面示意图

顶部存在大量裂缝的部位。

所有地下排水工程都须考虑自身的安全性及可靠性。一旦排水孔（或排水沟）被堵塞、失效，不仅修复困难，而且可能造成严重后果。

2. 陡立宕口治理

陡立宕口隐患的防治技术措施的制定需要考虑岩性、结构面及风化程度等因素。宜优先选用经济的坡率法，坡率法做法应符合现行国家标准《建筑边坡工程技术规范》GB 50330—2013 的有关规定；其次选用平衡条件的削坡减载和必要的加固支护等技术措施。坡率法宜与以下防治措施联合使用。

（1）清除

清除包括人工锤击楔裂清除法和机械凿除法两种。对于陡立宕口体积较小的风化的浮石、独石采用人工锤击楔裂清除法；对于体积较大、人力清除困难的局部风化的陡立宕口采用机械凿除法（图 3-8）。在清除过程中应加强对陡立宕口的位移监测，以确保人员和机械安全。

（2）加固

对于岩体坚硬、存在不稳定层且地下水对陡立面有影响时采用注浆加固法。用浆液填充不稳定岩层，提高岩体抗剪强度，加强岩体整体性，从而阻塞地下水活动通道。填充浆液分单一和混合两类，单一浆液有水泥浆液，混合浆液有水泥黏土类浆液、可控域黏土固化浆液及水泥－水玻璃类浆液三种。

图 3-8　陡立宕口清除

（3）支护

对于局部存在不稳定岩石块体的陡立面采用锚喷支护法，打入岩层的锚杆和高压喷射的混凝土一起增加了岩层的内聚力和抗拔力，使坡面免受大自然侵蚀，从而达到保护陡立坡面的目的（图3-9）。

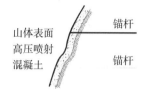

图 3-9　锚喷支护法断面示意图

（4）排水

为了阻止陡立宕口顶部地表水进入岩体内部，预防水压力对岩体冲蚀，须进行排水阻渗。宜采用地表截、排水明沟排水，地表截、排水明沟的布置位置及尺寸需满足功能要求，明沟须进行防渗处理。做好地表水的截流、疏导工作能有效预防制止水流对陡立宕口边坡的破坏，确保其稳定性。对于下方悬空的危岩体，还可采用支撑工程，使用墩、柱、墙或它们的组合形式支撑加固危岩，防止其崩落。

3. 高边坡治理

由于高劈坡、深开挖造成的高边坡，岩体的重力平衡被严重破坏，在高边坡隐患防治时采取的技术措施须根据高边坡的坡高、坡形、岩性和基底风化程度等因素选定。高边坡地质灾害隐患防治可选用以下技术措施。

（1）降坡

对于体积较大的高边坡，主要通过削坡来达到降坡的，将边坡的不稳定岩土体进行剥除，减缓坡度，以最大化减少滑坡体积。削坡方法有改变高边坡轮廓形状、降低坡高等，从而达到放缓边坡、降低坡体重心、减小坡体上部荷载以改善坡体平衡目的。削坡后的坡高和坡角，应遵循边坡地质条件，合理调整边坡坡形。

（2）抗滑

对于一些厚度较薄的高边坡，为了增大边坡体坡脚抗滑力，在边坡外侧设置重力挡墙来达到抗滑移的目的，利用挡墙的自重来抗滑属于最经济的抗滑移方法（图3-10）。重力挡墙不论从结构形式还是建筑材料用料上都是多种多样的，所以在确定结构和选材时应综合考虑施工环境、经济、取材方便等因素，此外设置重力挡墙还需要考虑解决挡墙内侧积水排除问题。挡墙（挡土墙）是防止滑坡常用的有效措施之一，可选用浆砌石抗滑挡墙、混凝土或钢筋混凝土抗滑挡墙等，适用于中小型的高边坡滑坡加固。挡墙的基础一定要砌在最低滑动面之下，以保证挡墙的稳定性和挡墙作用的发挥。抗滑桩是深入稳定土层或岩层的柱形构件，支挡滑体的下滑力，一般

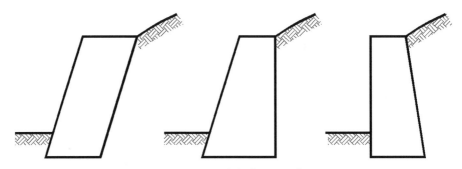

图 3-10 重力式挡墙断面示意图

集中设置在坡体前缘。桩柱材料可根据岩体的厚度、坡度的大小来选择，包括混凝土、钢筋混凝土、钢等，成排的抗滑桩可支挡巨型滑坡体，桩身全长的 1/4 ~1/3 应埋置于完整基岩或稳定地层。

（3）加固

对于岩体坚硬、存在不稳定层且地下水对高边坡严重影响时采用注浆加固法。用浆液填充岩体中的不稳定层，提高岩体抗剪强度，加强岩体整体性，使地下水没有活动通道。填充浆液分单一和混合两类，单一浆液有水泥浆液，混合浆液有水泥黏土类浆液、可控域黏土固化浆液及水泥－水玻璃类浆液三种。

（4）锚固

采用锚杆（索）对格构框架梁进行锚固，固定存在松散堆积体的高边坡。框架梁形成的框格可以回填种植土进行绿化，框格交点采用施加预应力的锚杆（索）增大了与母岩分离面的正应力，使岩层形成压密带，阻止滑动（图 3-11、图 3-12）。锚固施工时，应根据相关技术规范搭设脚手架，详细计算、分析脚手架在工作状态下的稳定状态，确保施工过程安全。喷锚施工时喷射混凝土应紧跟工作面，应分段、分片、分层，由下而上顺序进行。

（5）支护

对于局部存在不稳定岩石块体的高边坡采用锚喷支护法，打入岩层的锚杆和高压喷射的混凝土一起增加了岩层的内聚力和抗拔力，使坡面免受大自然侵蚀，从而达到保护高边坡坡面的目的。

4. 破碎斜坡滑动体治理

由于爆破等采石工艺导致宕口形成许多破碎斜坡滑动体，使岩体的稳

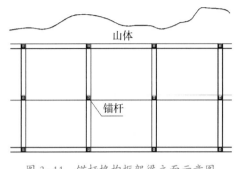

图 3-11　锚杆格构框架梁立面示意图

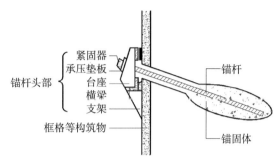

图 3-12　锚杆连接剖面示意图

定性及平衡都受到破坏。破碎斜坡滑动体隐患防治时需要考虑破碎层厚度、规模、位置、岩性、破碎程度等，可采用以下防治措施。

（1）清除

破碎斜坡滑动体隐患清除包括人工锤击楔裂清除法、静态破碎清除法两种。对于体积较小的浮石、独石滑动体采用人工锤击楔裂清除法；对于体积较大、人力清除困难的破碎斜坡滑动体采用静态破碎清除法。

（2）排水

排水包括破碎斜坡岩体周围地表截、排水、破碎斜坡内部排水以及防止地表水（雨水）沿裂隙下渗的封填措施。这三个部位的排水宜统一考虑，相辅相成，形成有效的排水防渗体系。对于处于大面积地表水区域的破碎斜坡滑动体采用截、排水明沟排水。截、排水沟一般设置在破碎斜坡滑动体的后缘及侧部的稳定岩体部位；破碎斜坡滑动体内部排水适用于岩体内部存在地下水的滑动体；封填适用于岩体坚硬，存在连通裂隙的部位。

（3）锚固

采用施加预应力锚杆（索）锚固与明确的坚硬岩层相邻的深层滑动体，增大了与母岩分离面的正应力，使岩层形成压密带，阻止滑动。锚固施工时，应根据相关技术规范搭设脚手架，详细计算、分析脚手架在工作状态下的稳定状态，确保施工过程安全。预应力的锚杆（索）锚固是和其他的抗滑措施组合应用的，不单独存在。喷锚施工时喷射混凝土应紧跟工作面，应分段、分片、分层，由下而上顺序进行。

（4）抗滑

破碎斜坡滑动体的抗滑方法包括抗滑桩和重力挡墙抗滑两种。对于岩面单一，完整性好的浅层和中厚层滑动体宜采用抗滑桩抗滑，滑动体与桩周围岩体相互作用，将下滑力由桩体传递给滑动体下稳定岩体的分段阻止滑动。为了增大滑动体抗滑力，在滑动体外侧设置重力挡墙来达到抗滑移的目的，利用挡墙的自重来抗滑属于最经济的抗滑移方法。重力挡墙不论从结构形式还是建筑材料用料上都是多种多样的，所以在确定结构和选材时应综合考虑施工环境、经济、取材方便等因素，此外设置重力挡墙还需要考虑解决挡墙内侧积水排除问题（图 3-13）。

由于采石宕口的自然条件千差万别，所以地质灾害隐患消除的治理措施方案也会多种多样，每个危岩体、陡立宕口、高边坡和破碎斜坡滑动体的除险方案都需单独分析和计算，具体采用何种措施需要考虑各生态修复工程的个性、共性、工程成本及修复效果。

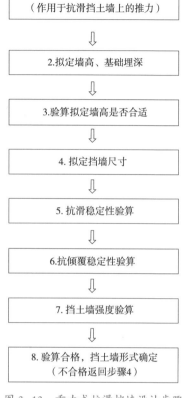

图 3-13　重力式抗滑挡墙设计步骤

3.2　采石宕口地形重塑与土壤重构

有研究用空间代替时间的生态学研究方法，对北京市门头沟区妙峰山镇自然恢复 1、5、15、32 年 4 个不同演替阶段的废弃采石场和一个未受采石影响且自然恢复大于 50 年的对照样地的土壤理化性质、植物群落物种组成、群落特征及其与土壤性状之间的关系进行了分析，表明自然生态恢复的过程是土壤—植被系统协同演化的过程，仅仅依靠自然恢复，随着时间的推移，土壤有机质、养分、粒径、容重及理化性状的改善和群落优势物种演替均较为缓慢，直到 32 年时，土壤厚度和优势物种才与对照样地基本一致，且氮素、有机质等土壤指标严重低于全国土壤标准。同时，还有多项类似研究的结果与此研究相一致。上述研究说明，采石宕口单靠自然恢复难以在短期内恢复成当地原有森林群落和恢复生态功能，如要短期恢复其生态功能应适当进行人工辅助。

人工辅助生态修复首先就需要进行地形重塑。即根据生态修复总体要求，对场地进行适当地填、削等处理，为植物生长、项目建设要求整理制造出一个有利的地形。地形重塑时宜结合采石宕口的地表地形地貌、水文、生物、人为活动等自然环境因子进行，合理的地形对宕口生态修复起着事半功倍的效果。然后，在地形重塑的基础上，根据地质灾害隐患防治和地形整理、重塑后的场地条件，充分考虑后期植被恢复的植物种类，从而确定重构土壤适宜的土壤剖面、理化性质及土壤层厚度等指标和重构作业程序。

3.2.1　采石宕口立地特点分析

采石宕口立地条件是指影响宕口植被形成与生长发育的各种自然环境因子的综合，是由许多环境因子组合而成的，包括地形、土壤、气象、水文、生物、人为活动等。立地条件对生态修复植物品种的选择、生长发育效果有着决定性的作用，不同立地条件的生态修复必须采用不同的生态修复技术措施。采石宕口多由于开发时不科学合理，以至于采石宕口及其周边的环境都受到了外在破坏力不同程度的作用，水、气、热条件非常恶劣，土壤贫瘠，有机质含量低，石砾含量高，保水能力也比较差，容易受到干旱危害，使得植物生存环境堪忧。所以，采石宕口生态修复工程需要针对其特色立地，通过多项基础工程来逐一改善生态条件，最终建成稳定、科学的采石场生态系统。

1. 地形

采石宕口均为山体开采而成，海拔相对较高。由于山体走势、采石方式、采石规模等的不同开挖出不同地形的采石场，地形破碎凌乱，残垣断壁林立。采石宕口坡形或曲或直，坡度或陡或缓，微地形十分复杂。

2. 土壤

采石后，地表土壤遭到严重破坏，几乎全无，岩层裸露，即使存在土壤也是由大量采石碎渣、石砾及风化岩混合而成。存在堆放的弃土区域相对松软，质地较硬，混合土壤固相颗粒较大，严重影响植物生长所需的水分和养分，属于石灰质碱性土壤，不存在腐殖土层，表层受日晒、雨淋、风化等自然因素侵蚀严重。

3. 水文

采石宕口常存在地下水，水位较浅，岩石表面时有地下水渗出，采石坑时有季节性积水，但一般不存在水淹可能性。

4. 生物

采石区域生物生态被严重破坏，相邻区域的植物种类的盖度、多度与优势种受采石活动影响较小，受损后也可在一定时间自我恢复。但宕口残留陡壁、堆放的弃土区也会局部生长一些草本植物。整个采石宕口长期受自然侵蚀、采石活动影响，存活植物会有一定的病虫害。

5. 人为活动

采石活动中，对边坡开挖或加载，且采用爆破后对岩层严重破坏、扰动，导致地表裸露，沟壑嶙峋，凹凸不平，废弃采石场土地几乎无法正常利用，土壤不长植物，渗水导致滑坡、危岩体（崩塌）。另有雨水冲刷人为堆放的弃土导致泥石流等。

综上所述，采石宕口立地质量差，环境恶劣，必须经过一定的改造才能满足生态修复需要，要通过合理经济有效的地形整理，因势利导，改变地表裸露，阻止地下水通道，降低自然因素侵蚀，创造有利于生物生长的立地条件，保证生态修复效果。

3.2.2 地形重塑

因采石宕口特殊的立地条件，地形重塑是开展采石宕口生态修复最为重要工程之一，在整个生态修复工程中具有重要作用。一是通过地形塑造可以形成平地、山坡、坑塘、沟谷、垂直崖面等地貌，丰富生态修复景观层次，形成多样林冠线，而且还有利于粉尘、噪声的吸收，产生良好的生态效益。二是利用地形自然排水，形成的水面可提供多种生态修复用途，同时具有灌溉、抗旱、防灾作用，而且对绿化苗木种植的成活率，有很大影响。三是改善植物种植条件，为有干湿生长需求的植物提供各自所需的干、湿环境，甚至坑塘水环境；为有喜阴喜阳生长需求的植物提供阴、阳、缓陡等多样性环境。四是创造生态修复活动功能项目，为生态修复所需功能项目创造各种地形环境。五是组织该区域生态修复空间，形成优美的生态景观。

1. 基本原则

基于其要发挥的重要作用，采石宕口地形进行整理应遵从以下原则：

（1）因地制宜

采石宕口的原有地形、地貌是影响生态修复总体规划的重要因素，在地形整理时要结合山体的地形地貌、水文地质条件。充分利用原地形现状，就地取材，最大限度地减少土石方开挖、回填及堆砌修整。明计成《园冶》记载"高阜可培，低方宜挖"，就是要减少外运内送土石方工程量和运输量，尽量做到土石方平衡，对废旧设施可加以再利用。根据地形坡形、坡长、坡高及坡面的具体条件，采取适宜的整理方法，同时兼顾了生态修复工程的有效性、经济性。

（2）经济安全

在地形整理时力求以较低的工程成本达到经济耐久的要求，既节约资源又省时省力。有些地形整理方法是长期实践中行之有效的经验总结出来的，可以加以利用或进一步提升利用。对于一些对生态修复效果明显的新技术、新材料、新方法可以进行推广应用。地形整理时，严禁产生新的地质安全隐患，要尽可能降低对整理地形前的消除地质安全隐患应用的构件、设施的影响。

（3）兼顾景观

在地形整理时不能仅局限于消除地表裸露岩层，清理山石，还需要考虑与周围环境的协调、美观。应尽可能地选用符合环境要求，与周围环境景观相协调的地形整理方法和措施，以弥补山体开挖对生态环境和景观造成的破坏。地形整理又不能局限于原有现状，要充分体现生态修复总体规划的意图。所以在整理地形前，要对全部整理区域有深入了解，事先规划好需要简单平整清理的区域、需要保留稍加整理的区域、需要大动修整的区域，这样有效地把现有地质地貌与场地平整技术、景观要求相结合，才能更好地兼顾景观效果。

地形重塑应按照生态修复规划目标，根据植被重建和景观提升的要求，因地制宜、经济、安全地塑造地形。

2. 地形重塑的方法

地形重塑的方法主要有修形、堆坡、削坡等方法，即通过机械或爆破除石、堆石等达到降坡、固坡、减缓坡度和改善坡面基础环境的目的，为后续植被恢复和景观提升打下基础。

（1）修形

修形主要是针对宕口岩体、洞穴、坑塘、沟谷等，虽然经地质灾害隐患防治处理达标，但仍与周围环境不协调，为了保证生态修复效果，需要进行形态修整。修形需要依据设计要求的标高及外形进行，兼顾景观效果，超过设计标高的位置拉线铲除，低于设计标高的位置进行找补夯实，修形时要注意整体线形流畅美观。

对于岩体，铲除时用机械粗略铲除修整，尽量避免爆破以免扰动原有岩体，破坏岩体稳定，造成二次地质灾害隐患。接近设计标高时人工进行细致铲除修整，低于设计标高时采用水泥、高强粘结剂等补齐。山脚岩体外形凹进、外凸的地方的岩体修形时需要根据设计线形整理，岩体边缘部分修整时要自然过渡到衔接区域，避免呆板生硬。

对于洞穴，由于施工作业面相对狭窄局促，机械施工受限，宜以人工修形为主。施工顺序：先洞顶，后两侧，先洞内，后洞外。洞穴内修形时严禁对已经采取的洞内岩体排水设施进行破坏、封堵。

对于坑塘，修形时采用机械为主、人工辅助的施工操作。坑塘边界应修形完整，无明显坑洼，边界附近水深需符合规范要求。修形后须清理坑塘沉淀垃圾，以免影响水深要求，造成景观效果欠佳。须派专人值守，设立警示标志，防止人员坠落、水淹。

对于沟谷，由于流水的侵蚀作用，横断面呈"V"形，是地表水径流集中的地方，在修形时注意，可以在沟谷谷底位置人为设置一些障碍，障碍可采用不同形状、就地取材硬质岩石做成汀步石，用水泥砂浆或高强胶粘剂固定，既能降低水流速保护下游生态，又能创造不同的流水声音，时而淙淙流水，时而波涛汹涌，同时给游人提供嬉戏亲水场所。

（2）堆坡

宕口堆坡常采用机械堆积、粗略整形，人工细致整形而成，根据生态修复工程的地形塑造需要，可以将超量或废弃碎石、石块、土质等材料顺坡堆积来创造地形。堆积的地形高程、倾角和坡面等指标要符合设计要求。

堆坡的常用做法有：等高线法（含点标高）和断面法。

等高线法在生态修复、园林地形塑造中使用最多，最适宜于自然地形的土石方计算。在绘有原地形等高线的底图上用设计等高线进行地形塑造，同一张图纸上汇集原有地形、设计地形及生态修复位置的平面布置、各部分的高程关系等。等高线法既方便了设计过程中进行地形塑造方案比较及修改，也便于进一步的土方计算工作，是一种比较好的地形塑造方法（图 3-14）。

断面法是用许多断面表达设计地形以及原有地形状况的方法，地形按比例在纵向和横向的变化直观明显，使视觉形象更明了和更能表达实际形象轮廓。同时，可以说明地形上的地物之间的位置和高差关系。断面的取法可以选择生态修复用地具有代表性的轴线方向或者特定位置等，但一般不能全面反映生态修复用地的地形，仅用于要求粗放且地形狭长的地段的表达。

（3）削坡

削坡即削除岩体或山体坡面、坡面倾角，达到生态修复需要。削坡有改变坡面外部形状、坡面角度及设置分级台阶等方式，具体采用何种方式削坡，须按照地形整理兼顾景观的原则进行。削坡的成功案例如泰国芭提雅七珍佛山即是将采矿陡立面削平，用高科技激光画出打坐佛像，用意大利进口的金镶嵌线条，金线耀眼，打坐的佛像慈眉善目，成为泰国游的金牌景点（图 3-15）。还有如徐州市高铁站区凤凰山山体艺术美化项目，将采

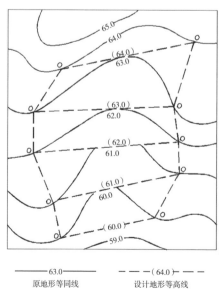

——— 63.0 ———　原地形等高线

- - - - (64.0) - - - -　设计地形等高线

图 3-14　等高线法应用示意图

图 3-15　泰国芭提雅七珍佛山

图 3-16　徐州市高铁站区凤凰山山体艺术美化

矿陡立面清理削平，锚杆固定点状灯光模块，组成汉文化特色主题的车马出行图，高约 55m，长 320m，白天夜晚景观各异，既丰富了徐州城市文化影响力也提升了城市竞争力（图 3-16）。在凤凰山靠近京福高速入口位置用阶梯形（分级台阶）岩石边坡代替直线型的岩石边坡，既增加景观层次又保护边坡安全。

　　开挖削坡作业只能在测量定位后根据设计要求进行，以免超挖、欠挖。削坡可采取人机（反铲挖掘机、推土机、装载机组合）结合、局部定向爆破等方法，按照自上向下施工顺序进行。局部定向爆破应慎用，以免扰动破坏原有岩体、山体稳定性，二次产生地质灾害隐患。

3.2.3　土壤重构

　　土壤重构即重构土壤，一般指以工矿区破坏土地的土壤恢复或重建为目的，采取适当的采矿和重构技术工艺，应用工程及物理、化学、生物、生态措施，重新构造一个适宜的土壤剖面与土壤肥力条件，以及稳定的地貌景观，在较短的时间内恢复和提高重构土壤的生产力，并改善重构土壤的环境质量的过程。土壤是植被赖以存在的基础。采石宕口区多没有土壤有效覆盖，生态修复必须重构土壤。研究表明，废弃地生态修复的重点应该是土壤因素的重构而不仅仅是植被因素的建立，最基本的和最重要的是使重构土壤达到最优的物理、化学、生物条件和最佳的生产力。土壤重构前应首先检测采石宕口土壤的各项指标，根据土壤中水分、有机物、养分以及微生物等的情况综合评定出土壤质量，再根据土壤质量选取适合的土壤层构建，目前常见的采石宕口土壤层构建方法是客土回填。但在客土回填之前，往往需要在地形重塑的基础上进行微地形处理，以便更好地承载土壤层。

1. 微地形整理

采石宕口地形整理重塑后，原场地条件发生了变化，呈现出与地形整理前不同的地貌特征。根据场地条件，其立地类型大体可分为堆坡区、削坡区、崖壁、台地、矿坑、碎石填充地以及自然坡区等。根据各立地类型的特点与后期栽植植物种类规划，需先进行微地形整理，创造土壤承载条件，然后才能开展后续的土壤层构建工作。

（1）缝隙填充

以石渣、碎石、石块等为材料堆砌而成的堆坡区或碎石填充区，有明显缝隙，对其土壤重构须先进行充填灌浆处理。堆坡区自坡顶起灌泥浆，至堆坡体缝隙充分充填；碎石填充区整体全面注浆充填。其基本方法是使用灌浆设备将浆液灌注入堆坡体中，通过浆液的不断凝固和堆积，将堆坡体或碎石充填区的缝隙堵塞（图 3-17）。实际工程中多以水泥混合黏土灌浆为主，若缝隙较大时可采用水泥砂浆灌注，并需要多次反复灌注，至不吃浆为止，才能使孔隙充填密实。灌浆压力以自重压力或加水泥砂能流动的压力为宜。

（2）水平式或反坡式整地

地形重塑后为较完整的岩体坡面的削坡区，坡面倾角在 45° 以内，欲采用构造平台（梯田、阶台）方法进行植被重建的，对其土壤重构前应先进行水平式或反坡式整地，形成水平或反坡阶面，以增加局部水土保持能力。其中，反坡式整地又称内斜式整地，即整地后阶面向山体一侧有一定的坡度，

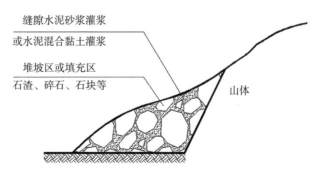

图 3-17 堆坡区或填充区灌浆示意图

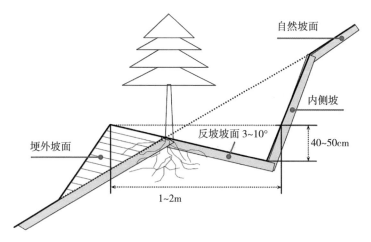

图 3-18 反坡式整地结构示意图

可以拦截更多径流。反坡式整地首先应考虑地形，反坡的坡度一般在 5°~15° 左右，山坡坡度大的反坡也应大些，同时阶面宜窄，台阶间距也要密些（图 3-18）。阶面的宽度还要考虑植物种植的要求，园林造景的阶面应尽量宽一些，"近自然" 植被恢复的阶面可略窄一些；阶面的长度越长越要注意保持长度方向上反坡坡度的一致，防止径流向阶面的一端集中。在降水多和坡面径流大的情况下，反坡式整地还要配套截排水等坡面水系工程。

（3）其他微地形整理

既有台地（操作平台、运输平台等）台面可采取下凹入渗技术，进行台面的下凹式处理，形成坡面降雨蓄渗地形，有利于降雨收集利用，提高土地的保墒能力。

采用鱼鳞坑、飘台、燕巢等方法进行植被重建的区域，土壤重构前，也应先进行鱼鳞坑、飘台、燕巢的构建工程。

未采取人工地形重塑的自然坡区（未进行人工处理的既有坡面）及矿坑的坑底、坑壁和欲采用喷播方式进行植被建植的区域等，也需要根据实际情况，采取修筑挡土墙和排水沟、防渗止水、坡面修整等措施。

2. 土壤层构建

采石宕口土壤层构建最理想的状态，应该是将停采后的土壤层构建一开始就纳入石材开采设计，走在石材开采之前，将土壤层构建与采石工艺相结合，比如用 "分层剥离、交错回填" 的方法构造出较好的土壤。但现实中大多数采石场，土壤层构建过程与采矿过程是脱节的，加之石材矿山土层原本就薄，在采石宕口土壤层构建中，原有的表层土几乎完全消失，必须采用客土法来恢复土层。研究表明，土壤中加入牛粪、园林废弃物与芦苇秆等绿肥和有机肥，可以增加土壤通气性、雨水渗透性和土壤肥力，促进微生物繁殖，改善土壤理化性质和生物活性。有研究表明，覆土厚度 ≥ 60cm 可为生态修复提供较为广泛的植物选择空间。

（1）客土来源

采石宕口生态修复对土壤需求量较大，通常情况下，土壤层构建用土不可能仅仅剥取客土场腐熟的表层土，大量的，只能是客土场的生土。

生土亦称"死土"，即尚未发育成熟的土。生土土体紧密，结构不良，蓄水保墒能力低，生物活性差，供肥能力低，植物生长不良，甚至不能完成生长发育全过程，只有通过生物作用以及人为的施肥等生产活动，才能变成适宜植物生长的熟土。生态修复用客土土质应进行室内检测，检测对象主要包括 pH 值、可溶性盐分、重金属含量等，并根据检测结果制订熟化等改良利用措施。

（2）生土熟化

根据 Jenny 的经典研究，土壤形成包括气候、植被、地形、母质和时间 5 个主要因素。生土熟化是指通过耕作、培肥与改良，促进生土的水、肥、气、热、生诸因素不断协调，促使生土逐步转变为适合植物生长的耕作土壤（熟土）的过程。熟化的标志是土层松软深厚，有机质含量高，土壤结构和水热条件及通透性良好，土壤吸收能力高，微生物活动旺盛，既能保蓄水分养分，又可为作物及时供应和协调土壤的水、肥、气、热。采石宕口客土熟化措施主要有物理法、化学法、生物法等，各技术措施通常联合使用，以较快地达到良好的熟化效果。

物理法主要改造生土固有的不利物理性状，包括深翻、松土和添加熟土等措施，通过疏松土壤，增加土壤孔隙度，改善土壤渗透性能，提高土壤持水能力。

化学法主要通过积累土壤养分、改良土质、改变土性等，改善土壤营养条件和环境因素，包括施肥和添加土壤调理剂、改良剂、腐熟剂等。科学施用动物粪便、作物秸秆、腐殖酸类肥料、化肥、矿物质肥等可以增加土壤养分、提高土壤肥力，配合施用土壤调理剂、改良剂、腐熟剂等会加速土壤熟化进程，快速激活并释放生土中已有的固态养分元素，有利于土壤团粒结构形成，增加保水、保肥性能，并促进土壤微生物繁殖。生物法指在生土中加入微生物菌肥、蚯蚓等有益于土壤性状改良的生物，通过生物自身活动，达到培肥改良土壤的效果。土壤微生物是土壤生产力的重要驱动者，直接参与植物从土壤中获得养分并促进土壤养分循环。利用微生物在土壤中快速、高效地分解矿物质、有机质，或将空气中的分子态氮固定并转化为植物可以吸收的氨态氮，同时将土壤中不溶的 P、K 等元素分解为可溶性元素，从而易于被植物吸收利用。蚯蚓以土壤中有机物为食，将蚯蚓与有机肥料共同使用，能够促进土壤有机肥料的分解；蚯蚓在土壤中的不断蠕动可以翻松土壤，帮助肥料和水分更加深入土壤；同时，蚯蚓本身还是一种动物蛋白肥，它在土壤中死亡，尸体分解后能够二次利用充当氮肥。此外，控制生土保持适宜的含水量，以水调肥，保证土壤中的固相、液相及气相间的 3 相平衡，可使土壤容重减小、孔隙度和透气性增加，改善土壤水、肥状况，有利于土壤微生物的活动和繁衍，加速生土熟化。熟化后的客土除须富含有机质、团粒结构完好、具有良好的通气、透水和保肥能力外，还不得混入垃圾、石头等杂质，保证种植土的整体成分与结构的一致。同时，应取样进行碾压试验，以满足目标规划要求的密实度。

（3）覆土要求

一般地，已有自然土层平均厚度在 10cm 以上且采取植被自然恢复方式的采石宕口自然坡区，可不进行人工覆土。对已有自然土层平均厚度不足 10cm 的采石宕口自然坡区，以及人工堆坡区、削坡区等石质区域，进行人工植被重建的土层厚度要求见表 3-6。另外，采石宕口虽有 10cm 以上的风化层，但其下部为坚硬岩层，如采取人工方式进行植被重建，也需覆土至表 3-6 要求的厚度。

人工重建的植被区土层厚度要求（m） 表 3-6

植物类型	乔木	灌木	草本
覆土厚度	≥ 0.80	≥ 0.45	≥ 0.20
其中，表层种植土壤的厚度	≥ 0.20		

鱼鳞穴、飘台、燕巢等微地形应考虑植物种类、立地条件、台穴规格等因素，综合分析后确定适宜的覆土量。

（4）保水剂应用

合理运用保水剂可以对土壤中的水分进行有效固定，有效增强土壤持水能力，保障植物在生长过程中可以得到充足的水分。在干旱地区采石宕口的土壤层重构中，宜在客土中拌入适量的保水剂，以提高土壤的保水能力。但不同类型的保水剂在土壤中的保水性能不同，聚丙烯酸盐类以及粒度较小的保水剂具有较好的持水性能（表3-7）；保水剂的施用存在一个最佳区间，过量或不足量施用均会降低其保水性能。

保水剂的保水性能与土壤质地还有密切关系。因此，在使用前应根据客土质地等因素，试验后应用。

土壤中不同保水剂的保水能力（摘自宫辛玲等，2008）　　　　　　　　　　　　　　　表3-7

样本	保水能力拟合曲线	决定系数（R^2）	试验期贮水量差值（mm）
对照（CK）	$y=2.0044x+96.495$	0.9915	86.32
聚丙烯酰胺/无机矿物（HGE）	$y=1.9832x+97.299$	0.9949	77.33
淀粉–丙烯酸共聚物（HJW）	$y=1.9686x+98.785$	0.9983	76.73
聚丙烯酸盐类聚合物（BY）	$y=1.9263x+98.268$	0.9967	93.89
玉米淀粉–丙烯酸共聚物（JFL）	$y=1.8485x+98.684$	0.9979	88.29

3.3　采石宕口植被恢复与景观提升

植被恢复是采石宕口生态修复的关键。及时、有效的植被恢复不仅可以恢复采石宕口的植物景观，还能控制山体水土流失，大大恢复土壤的生产力，并创造多样化生境，为各类生物提供生存空间，是采石宕口生态系统恢复的基础。根据采石宕口生态修复目标，自然生态恢复区以生态保育为主要目的，利用现存的植被斑块进行植被恢复，野生植物自主繁衍；以恢复生态功能为主要目的人工促进生态恢复区的植被恢复可参考参照生态系统的植被现状及发展趋势，恢复其植物群落与自然景观；以打造城市景观或科普教育基地等为主要目的的景观提升区则要在总体上形成"近自然"景观的同时，利用适生观赏植物、人文资源等，进一步提升景观的观赏性，满足周边居民和游客的更多需求。

在采石宕口土壤层构建完成之后，就可以着手进行植被恢复。植被恢复应在保护和利用采石场生态和景观资源的基础上进行，按照自然生态恢复区、人工促进生态恢复区和景观提升区等不同分区进行。具备短期自然恢复条件的区域宜以自然恢复为主；人工手段用来在不具备短期自然恢复条件的区域，促进植被在较短期限内得到恢复。自然生态修复区的植被恢复主要采用场地保护的形式，禁止人为干扰，依靠自然演替来恢复被破坏或已退化的植被；人工促进生态恢复区和景观提升区的植被恢复则需要在植物选择、种植场地准备及水土保持工程、植物种植与生境修复等方面，根据采石宕口具体立地条件，采取相应的技术措施。但根据后期监测，自然生态修复区的植被恢复阶段性状态达不到预期规划目标，如存在较严重的水土流失现象、重要植物种生长势较差等，仍需对其采取人工辅助恢复措施。另外，植被恢复不是一蹴而就的，要兼顾短期效果、阶段性目标与最终目标，达到植被恢复不同阶段的特殊要求。

3.3.1 植物选择

1. 基本原则

植物选择应遵循因地制宜、适地适树、乡土适生植物优先、营建"近自然"植物群落的基本原则。首先，以采石宕口所在区域为背景，选取当地参照生态系统的植物种类作为初选植物，然后再根据修复目标、立地条件等因素进行二次筛选，确定具体区域植被恢复的植物。针对一般采石宕口的环境条件，选取的植物还宜具备以下特点：

（1）抗旱、抗寒、抗瘠薄、抗病虫害等，适应土壤贫瘠、耐岩面高温等恶劣环境；

（2）根系应发达、萌蘖能力强，能有效固结土壤，防止水土流失；

（3）成活率高、自然繁殖能力强、生长较快速，能较快地覆盖山体断面；

（4）具有固氮能力，可以提高贫瘠土壤中氮元素的含量，能为其他植物的生长输送营养；

（5）攀爬能力强的藤本植物，可以快速覆盖基岩区表面，还可以增加植株间的联系，提高植物群落的整体性；

（6）能与周边山体原有森林植被形成较为协调的整体景观。

2. 分区选择

以恢复生态功能为主要目的自然生态恢复区和人工促进生态恢复区，需要选择参照生态系统的植物种类。但为了在参照生态系统的植物种类大规模恢复前，起到固结土壤、防止水土流失等作用，仍可适当选用抗性强、根系发达、萌芽能力强的先锋植物，同时，还需要充分考虑生态恢复区主导型动物的食源植物、蜜源植物的种类、数量、密度及演替等，为区域动物提供适宜的生境，促进采石宕口动物繁衍，完善区域食物链，提高生态系统的稳定性。

景观提升区需要根据目标要求，结合采石宕口不同立地类型、植被建植技术等，分区进行植物选择与配置。平缓坡区的地形平缓，覆土容易，覆土土层相对较厚，当地适生的旱生植物均可应用，并可适当选用观赏价值高的植物，打造不同林相、季相、绚丽多姿的植物景观。抗瘠薄、抗旱、根系发达的植物更适应陡急坡区和险崖坡区土壤瘠薄、灌溉困难的特殊条件。其中，陡急坡区选用的乔木还应具有较强的抗风性，应对高海拔区域的风害，防止倒伏；险崖坡区的立地条件及现有配套植物栽植技术不适合乔木栽植，应以灌木、藤本、草本为主。当地适生的水生、湿生植物均可用于水塘湿地区，水塘内的生态浮岛宜选用观赏价值高的水生植物，打造水塘景观节点。未能覆土的基岩区喷播根系发达、分生及自繁能力强的植物，易达到快速覆绿的效果。

3.3.2 种植场地准备及水土保持工程

1. 种植场地准备

任何工程建设都需要做好前期的准备工作，植被恢复工程也是如此。

种植场地准备要充分考虑到工程中每种植物的种植环境及生长特点，针对不同植物的生长特点、形态特征以及场地施工作业环境等进行综合考量，进行科学合理的种植场地准备工作，为植物种植夯实基础，并从根本上保证植物的成活率。根据采石宕口立地条件，种植场地准备可按土壤种植区域和基岩种植区域分别采取相应的措施。无论土壤区域还是基岩区域，在准备种植场地时就应考虑区域主导型动物栖息地的营造（保留与再造），为主导型动物提供合适的栖息地，进而逐渐恢复区域生态链。

（1）土壤种植区域

土壤种植区域场地准备包括土壤侵入体清理、场地平整（包括翻土、松土、种植土厚度调整等）、定点放线、种植穴开挖和排灌工程施工等。首先应对采石宕口构建的土壤层内的渣土、石砾、工程废料、宿根性杂草、树根等杂物进行清理。清理程度及清理后平整的场地标高应符合设计和栽植要求。平整后的栽植土表层与侧石（挡土墙或道路）接壤处，栽植土应低于侧石3~5cm，栽植土表层不得有明显低洼和积水处。同时，对板结土壤和被重型机械碾压的土壤，应进行人工翻土或松土，保持土壤良好质地，满足植物生长的要求。定点放线是根据工程图纸要求，将图纸中的植物位置、布局方式等转换到工程场地中来，并遵循"由整体到局部，先控制后局部"，"先乔木后灌木，再到地被最后草地"的基本原则，选取图纸上已标明的固定物体如建（构）筑物或原有植物作参照物，并在图纸和实地上量出它们与将要栽植植物之间的距离，在种植点作好准确标记以及苗木的品种、规格等信息。开挖种植穴的质量对植物后期的生长有很大的影响，平缓坡区种植穴应按照现行行业标准《园林绿化工程施工及验收规范》CJJ 82—2012的有关规定执行；陡急坡区和险崖坡区的鱼鳞坑、平台（梯田、阶台）、燕巢、飘台等种植穴的规格，除按图纸要求外，还应根据栽植植物的规格、栽植立地、栽植方法、土壤条件等现场实际情况综合来确定。种植穴内土壤干燥时，还应采取灌水浸穴等措施，保持土壤湿润度。排水沟、集水槽、喷灌等排灌工程应与水土保持工程同时进行，保障后期植物的水分供应与场地的水土保持。

（2）基岩种植区域

基岩种植区域场地准备包括坡面清理与修整、修建给水排水及三维网、植被毯、植生带、锚杆（索）等材料、构（配）件等进场材料的验收与检测等。种植前应对坡面进行清理与修整，清除坡面上的危石、浮石和垃圾等，保证坡面平整，为喷播、挂网、植被毯、植生带等的铺设提供基础。基岩种植区域还需具备完善的截排水系统，修筑蓄水池、喷灌、滴灌等节水灌溉设施，这在基岩区域后期植物的管护中能发挥重要作用。植物种植中使用的三维网、植被毯、植生带、锚杆（索）等材料、构（配）件和设备等应具有产品合格证、产品说明书、产品质量检测证。

2. 水土保持工程

采石宕口的水土保持工程是指通过工程措施来保护采石宕口土壤的凝结力和结构的完整性，主要包括拦挡工程、排水工程、植物工程、降水蓄渗工程等。

拦挡工程是指在覆土坡面或风化严重的岩石坡面及坡底设置挡墙，减小、缓冲坡面径流，并阻拦土壤的水土保持措施（图 3-19）。拦挡工程主要在坡面上拦挡土壤，并通过阻截水流，减小坡面径流的冲击力，减轻排水工程的排水压力。格栅型或透水型挡墙可通过设计，有选择地分流含土量较多的坡面径流连接到蓄泥池中，从而实现土壤的高效截留。

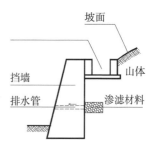

图 3-19　挡墙排水示意图

排水工程是指为了减轻降水对坡面的冲刷，在坡面沿高度、梯度修建横向排水沟与顺坡面竖向排水沟相结合，形成坡面排水系统，坡面水流汇入坡面排水系统，并被导入坡底径流，减少降水对坡面土层和植被的破坏力（图 3-20、图 3-21）。

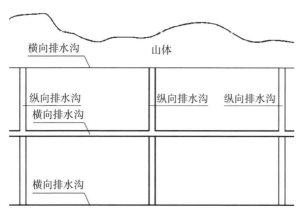

图 3-20　坡面排水沟布置示意图

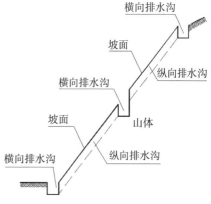

图 3-21　坡面排水沟断面示意图

植物工程是指通过在坡面种植植被形成植被缓冲带对坡面径流进行缓冲，以减少坡面水土流失的一种工程措施。工程中应该根据采石宕口所在区域的气候条件和土壤条件，结合植被恢复工程，选择适合的植物类型及适宜的组合模式、种植密度等，达到缓冲径流的目的。同时，根基较深、根系发达的植物还能固定土层，提高边坡的稳定程度。植物措施配置应根据不同的汇水面积设计不同的植被覆盖度，以将径流冲刷降低到最小。根据当地气候条件，干旱地区还可在坡面修建蓄水池、沉沙池等降水蓄渗工程，在防治水土流失的同时，还可发挥节水灌溉的作用。在特殊天气发生时，如暴雨、大风、干旱等，还需根据条件，采取土工布、抑尘网等覆盖或喷水湿润土壤等临时措施，防止特定气象状况下的水土流失。在工程施工中，拦挡工程、排水工程、植物工程、降水蓄渗工程等应综合设置，互相配合，形成高效、完善的水土保持工程，以达到水土保持的最佳效果。

3.3.3 植物种植与生境修复

植物种植并非是挖坑种树如此简单，采石宕口植被恢复中的植物种植也不仅仅是通过各种种植措施保证植物在特殊立地中的成活率以达到覆绿效果，而是要结合对区域重点植物和动物的生长习性，以采石宕口特殊立地条件为基础，通过植物种植，为区域重点植物和动物提供适生生境。如适于在林下生长的乡土草本、苔藓、蕨类等植物，需要借助灌木丛、草丛、树冠等特定生境条件营建巢穴的鸟类、爬行动物等。

1. 植物种植

植物种植应根据不同分区、不同植物种类，采取适宜、科学的种植方式。采石宕口立地类型复杂，人工手段进行植被重建还需根据立地特点，采取针对性的植被种植方法，才能达到植被恢复的目的。采石宕口立地分类与植物种植主要方法见表3-8。

平缓坡区以及平台、飘台、燕巢、鱼鳞穴等土壤种植区一般采取传统的穴植和播种的方式种植植物。水塘湿地区滨岸区和浅水区一般采取覆底土种植和种植箱种植等措施种植植物，深水区可利用生态浮岛种植水生植物。基岩种植区根据场地立地类型及场地坡面倾角，可采用喷播（含普通喷播、挂网喷播、三维网喷播）、植生带、生态植被毯等绿化技术，具体技

采石宕口立地分类与植物种植主要方法　　　　　　　　　　　　　　　　　　　　表 3-8

立地类型区		坡面倾角	植物种植主要方法
平缓坡区		< 25°	穴植、播种
陡急坡区	土壤区	25°~ 45°	鱼鳞坑穴植、平台（梯田、阶台）穴植
	基岩区		普通喷播、挂网喷播、三维网喷播、植生带、生态植被毯
险崖坡区	土壤区	≥ 45°	飘台种植、燕巢种植
	基岩区		挂网喷播
水塘湿地区		—	覆底土种植、生态浮岛

术措施见表 3-9。基岩种植区喷播前还应检验种子净度、发芽率等，不易发芽的植物种子需要进行催芽处理；喷播的种子、肥料、基质、保水剂和胶合剂的混合比例要经现场试喷检验合格后再进行喷播作业；喷射时根据喷射压力和坡面地质情况来调整喷射角度和喷射距离，以达到预期效果。植生带与生态植被毯绿化应用专业工具压实处理，使其与作业面保持密实，防止存在缝隙而掉落。

喷播、植生带、生态植被毯绿化技术措施　　　　　　　　　　　　　　　　　　表 3-9

技术	内容	措施
挂网喷播绿化	作业面清理	清理碎石、杂物，凿除突出岩石，使坡面有利于基质和岩石的结合；对于坡度陡峭的界面须进行整地，将坡面分级处理，形成多层台地
	测量放线	根据现场情况确定主锚杆钻孔位置，再在相邻的主锚杆之间中点插补次锚杆钻孔位置；主锚杆间及主锚杆和次锚杆间距应按设计放点
	挂网锚固	在坡面上打孔，然后将铁丝网铺挂在坡面上，用钢筋锚固，先固定坡顶，自上而下铺设，网与网之间采用平行对接
	喷播	利用喷射机将搅拌均匀的基质加水后自上而下均匀喷射到岩面，先喷射不含种子的基质，再喷射含有种子的基质
三维网喷播绿化	作业面清理	清理坡面碎石、平整坡面，处理后的坡面平整、无大的危石突出和其他杂物存在
	截、排水沟施工	在坡顶及坡底沿边坡走向开挖矩形沟槽，沟槽规格符合设计要求

技术	内容	措施
三维网喷播绿化	挂网固定	应顺坡铺设，铺网时，应让网与边坡贴附紧实，保持网面平整，网之间应重叠搭接，采用 U 形钢钉固定
	覆土	固定后，将种植土均匀覆盖于三维网上，要求填土后坡面平整，无网包鼓出外露
	喷播	喷播基质材料应采用泥土、肥料和黏合剂等组成的混合料，通过高压客土喷播机均匀喷射至坡面
生态植被毯绿化	作业面清理	清除作业面杂物及松动岩块，使作业面基本平整
	砌筑排水沟	对于长、大边坡的坡顶、坡脚及平台均需要设置排水沟，并根据作业面水流量的大小考虑是否设置坡面排水沟
	植被毯铺设	应平整地铺在作业面上，铺设时植被毯之间不能重叠，边缝纹路对接整齐。每铺设一块植被毯，都应压实，铺设完毕后全面碾压一遍，使植被毯根系与作业面紧密结合，并浇水保墒
植生带绿化	坡面平整	清除坡面杂草和大块碎石以及其他杂物，使坡面基本平整
	撒种	将植物种子均匀地播撒在植生带的两层布质或纸质无纺布中间
	铺植生带	将植生带覆盖在边坡表面并固定
	浇水保墒	种植后应立即浇水，确保种子发芽、生长所需的水分

2. 生境修复

《生态学词典》定义生境为"生物个体、种群或群落多处的具体环境。"它是特定地段上对生物起作用的生态因子的总和，因此生境比一般所说的环境有着更具体的意义。所以，生境是指的个体、种群或群落赖以生存的生态环境，是生物的居住场所或活动场所，与栖息地概念相似。但栖息地强调生物生存环境的非生物因子，生物生境不仅包括非生物的外界条件，还包括能够影响生物生存的其他生物。即生境由生物生存环境的生物和非生物因子综合形成。对于一棵植物或一个动物来说，其生境包含了采石宕口的坡向坡度、地形地貌、水分、土壤、光照等非生物因子和周边其他动植物等生物因子。针对采石宕口植被恢复而言的生境修复，是指利用采石宕口地质灾害隐患消除、地形整理与土壤重构后的现有状态，通过生境保护和植物种植，为生态恢复中的重要生物提供食物源、完善食物链和食物网，并为其营造良好的生长或栖息环境和觅食环境，提供适宜的生存繁殖和演替的空间，同时连通植被恢复区与未扰动区或区域其他绿地，形成绿地网，打通符合重要生物生活习性的活动或迁徙廊道。

（1）生境保护

生境保护是指对以恢复生态系统为目的的采石宕口自然生态恢复区，及植被恢复后的人工促进生态恢复区，采取管控和保护措施，同时适当扩大保护区域范围，将采石宕口周边未扰动区或邻近绿地也采取保护措施，尽可能形成满足重要生物活动范围的足够大的生境保护区域。同时，良好的水源是保证生物栖息和繁衍的基本需要，要加强生境保护区域及周边区域水源的保护，适当限制周边区域的一些容易污染水源的开发性生产经营活动，保障周围水源安全。另外，还要明确生境保护区保护责任，加强管理，采取设立保护栏、警示牌等措施，防止人为损坏；通过传统媒体和网络等多种形式，广泛宣传教育，让更多的人自觉地保护区域生境；在保护过程中，加强日常检查工作，加大执法力度，及时发现并制止破坏保护区域生态环境的行为。

（2）生境单元的划分与重要生物种选择

生境单元可以被视为特定尺度下环境条件一致的景观单元，含有特殊的环境和特定的生物群体。采石宕口生境单元宜根据生态修复方式、立地类型等因素进行划分。一级生境单元可划分为自然生境单元、半自然生境单元、人工生境单元；二级生境单元可划分为平缓坡区绿地生境单元、陡急坡区绿地生境单元、险崖坡区绿地生境单元和水塘湿地生境单元。仍可根据需要和采石宕口特点、微地形等，划分三级生境单元。

各生境单元的重要生物种选择要参考参照生态系统的状态进行。对植物而言，应选择参照生态系统的基调树种或骨干树种，还应选择参照生态系统分布广泛的植物群落以及重要食草动物的食物源等。植物种植时，应着重种植参照生态系统的基调树种或骨干树种，并为其广泛分布的植物群落中的其他植物种营造适宜生境。对动物而言，也应参考参照生态系统的主要动物种类，并围绕主要动植物种类，培育完整的食物链；其中，还应注意选择主要迁徙鸟类的食物源。

（3）重要生物种生境营造与优化

重要生物种生境应根据重要生物种的生境特点与活动特征进行营造，包含重要植物种的繁衍或演替条件、传播或扩散条件等，以及重要动物种的巢穴区、觅食区、活动通道及迁徙踏脚石等，体现为动物的取食过程与运动过程。动物生境营造中，巢穴区是保存动物栖息繁衍的生境空间，是重点保护和营造的主体；觅食区和活动通道是动物取食、活动的通道，不仅促进各生境单元之间的物种交流，也能保障周边的小型绿地斑块中的物种以复合种群的方式，或扩散至大型绿地斑块中能够生存和繁衍；迁徙踏脚石可以让迁徙鸟类能够取食或短暂停留。所以，生境营造与优化首先要创造适宜的栖息环境。如，为喜阴植物创造林荫、为攀缘植物提供树干；为动物提供草丛、灌木丛、树冠等隐蔽性巢穴地；为迁徙鸟类提供暂歇区等。其次，生境营造与优化要为区域重要野生动物提供食物源，并尽可能形成完整的食物链，同时，还能为迁徙鸟类提供食物。此外，生境营造与优化还要连通各个生境单元和绿地斑块，并促进采石宕口生态修复区与外部生态系统的连通与交流，为植物扩散、动物活动提供通道。

3.3.4 景观提升

采石宕口景观提升是以恢复和保护采石宕口的自然资源和生态环境为基础，对采石宕口的自然和人文资源进行合理的发掘和利用，通过景观提升和优化，最终达到满足城市居民游赏、休憩、科普等多方面要求的目标。

采石宕口自然景观的提升应当遵循自然规律。可在有条件的地方进行生态覆绿、植物配置，打造"近自然"的植物景观，但没有必要试图在所有的石壁开采面上恢复植被；相反，采石宕口裸露的岩石节理、奇峰怪石等如能被保留，在植被和水体的映衬之下，能够呈现出独特的、符合中国传统山水审美的自然之美。采石宕口人文景观的提升需要利用采石活动的历史遗存、遗迹，打造体现采石文化以及与采石产业相关的工人生活、传统风俗等地域文化的人文景观，在打开当地居民的历史记忆的同时，给外地游客一种别样的生活生产和人情风物体验。

当然，对采石宕口自然资源和人文资源的发掘与利用和对其自然资源和生态环境的恢复和保护，应该是相辅相成、协调统一的，需要在生态恢复学、美学、景观生态学、园林学等多学科理论的指导下，利用采石宕口丰富的景观资源，做出科学合理的规划设计，使采石宕口景观真正得到提升，使往日的废弃地蜕变为城市宝地。

1. 景观提升的原则

采石宕口的景观提升，应从设计理念上确立生态节约、因地制宜、以人民为中心、景城协调和文脉延续 5 项原则，以指导采石宕口景观提升的具体实践活动。

（1）生态节约

生态节约是指在景观提升的设计中，应以保留和利用为主，尽量保留原有的景观基础，充分利用场地原有地形、地貌及植被，就地取材创作景观，既能节约建设成本，又能使景观具有一定稳定性和与众不同的独特性。同时，减少过多的人工干扰，可以维护场地生态环境自身的缓冲和调节能力，加强其自我循环和更新能力。

（2）因地制宜

因地制宜是指地域及场地条件的差异性，使得各采石宕口具有不同的场地特征。采取不同的景观提升方法，创造出具有地域特征和时代特征的景观环境。在景观提升时，应深入研究场地所处区域的地理环境、历史文化及民风民俗等背景情况，并细致调查和充分了解场地自身的情况，尊重场所自然演进过程，以保留其特定的空间性格，使其场地优势得到充分发挥。

（3）以人民为中心

以人民为中心要求在景观设计中充分考虑人民群众的需求，把人民群众的需求作为基础调研的对象和景观评价的标准，进而确定景观提升是以满足人民群众的物质需求为主，目的是为其提供必要和舒适的人居环境；另外，尽可能满足人民群众的精神需求，强化景观的文化元素。

（4）景城协调

景城协调是指景观提升不仅关系到场地自身的恢复利用，更重要的是它作为城市整体的一个组成部分，处于城市这个大背景中，关乎整个城市景观环境品质的提升。因此，采石宕口的景观提升必须从全局出发，使其融入城市，与周边环境相互协调。首先，应在宏观层面把握城市的空间格局和对场地功能的定位，使区域景观与整体环境相协调，并符合城市空间肌理；其次，在中观层面，从城市环境的角度局部把握采石宕口的环境取向，在原有环境中注入新的活力，使场所具有可识别性的同时，融入城市的环境氛围；最后，在微观层面，新的景观空间的塑造在满足人们生活需求的同时，还要符合人们的审美情趣和情感需求。

（5）文脉延续

文脉延续是指采石宕口作为一种工业遗迹，镌刻着人类文明和城市发展的历史，是承载采石工业文明的重要场所，其场地的变迁、人为活动带来的景观改变以及人们的城市记忆和情感寄托等，都是"场所精神"的一部分。对其景观提升时，融入这种独特的"场所精神"，能唤起人们"乡愁"。同时，景观提升中还可融入地域传统文化元素，形成具有地域特色的景观，使采石宕口的人文景观更加丰富和饱满，体现出地域文化的独特韵味。

2. 自然景观提升路径

（1）形成"近自然"的山水骨架

采石宕口具有自然属性，在不受人为扰动的情况下，具备依靠自然演替成为天然风景的能力；同时其也具有人工属性，其部分区域若要短期内形成生态良好的山水景观，离不开人工的处理和管护。在采石宕口生态修复的自然景观提升中，需要遵循采石宕口生态系统的自然规律，充分利用采石宕口具有的自然属性，构建采石宕口"近自然"山水骨架，在保障采石宕口生态功能的前提下，进一步利用其自然资源，达到符合人民审美需求和满足城市发展需要的自然景观的提升。采石宕口"近自然"山水骨架的形成需要依托采石宕口山体和水系的原有脉络和形态，通过对采石宕口的山体、水系、植被等各要素的生态敏感性和景观视觉敏感性分析，修复受损山体不良的视觉影响，构建"点、线、面"相结合、符合场地原有特征的景观形态，以及静态与动态相结合、符合场地自然规律的空间形态（图3-22）。

图3-22 "近自然"的山水骨架

（2）塑造"有若自然"的特色景观

采石宕口景观要素丰富，空间结构复杂，其中蕴含着悬崖峭壁、斜坡平台、孤峰岩柱、碎石砾堆、峡谷沟壑、坑潭洼地等独特的地形、多样化的生境和大量的风景资源，可在其中挖掘出不同的奇特景观，进行必要的修石理水、植物配置等，可有机地融入雄奇秀丽、生机勃勃的自然风光，塑造出具有独特场地特征的"有若自然"的特色景观。如，利用山体坡面平台和高差，通过开凿曲折的阶梯或搭设蜿蜒的栈道，形成富有趣味的山体游览通道和观景平台，给人带来投入自然的游览乐趣；石壁粗犷的岩石纹理和人工凿痕映入积水的石坑、洼地可成为良好的山水景观；孤峰岩柱奇特的造型，点缀于山体丛林起伏的林冠线，别有一番风味；不加雕琢的碎石可被用作采石宕口平缓坡区天然的道路铺装，或堆砌在水塘或溪流的滨岸，不仅碎石间的缝隙有利于一些动物栖息和滨岸植物自然生长，又给宕口景观增添些许天然野趣。此外，利用采石宕口破损山体特有的形态，进行巧妙的形态设计和空间构造，还可创造出人造与自然密不可分、浑然天成的大地艺术，形成了独特的艺术美（图 3-23）。

（3）营建"因地制宜"的植物景观

采石宕口分布广泛、形貌复杂，不同区域有适宜该区域条件的不同植物种类。充分利用植物的自身生长特性和景观特征，结合各区域立地的特殊性，或采取植物间的组合配置，或于立地条件下的山、石、水等组景，均能形成独具特色的植物景观。首先，要合理保留和利用采石宕口的自然植被。采石宕口在少有人为干扰或人为干扰不再加剧的情况下，一些适应性极强的植被便在采石宕口一些具备生长条件的区域自然生长出来，进而

图 3-23 "有若自然"的特色景观

形成一个植物群落。在其他人工景观中，这些植被多被称为"野草"，但处在采石宕口这一特殊的场所之中，"野草"不再是荒芜破败的象征，而是美丽与坚韧的代表，展现出自然再生的强大力量，将其融入新的景观中去，会展现出崭新的、有力的美学效果，创造出不同凡响、强而有力的景观效果，唤起人们对生命的敬畏和对自然的尊重（图3-24）。"山以林木为衣，以草木为毛发"，采石宕口中独特、多样的立地类型也会在与植物的融合中，形成特别的植物景观。通过植物在山体的隐与露，植物形态、色彩与山石形态、肌理的对比、互衬等，营造若隐若现、虚实相生的景观空间与景观层次丰富的山水景观。同时，科学利用植物的季相变化和彩化植物种类，也能达到"收四时之烂漫"和色彩变幻的艺术效果，给以绿色和山石自身底色为本底的采石宕口营造出强烈的视觉冲击力，给人带来观赏艺术享受。

3. 人文景观提升路径

（1）场所精神的表达

"场所精神"是挪威建筑学家诺伯格·舒尔茨在1979年《场所精神——迈向建筑现象学》一书中提出的概念。诺伯格·舒尔茨认为，"场所是自然的和人为的元素所形成的一个综合体，系建筑现象学相结合的主体事物""场所是一种人化的空间，它的物质和精神特性被认同后，就折射出场所精神"。即场所是具有一定社会功能的特定空间，不仅具有实体空间的形

图3-24 美丽与坚韧的"野草"（刘守臣 摄）

式，而且还具有以地方特性为基础的内涵特征和意义，即"场所精神"。诺伯格·舒尔茨还强调，"场所精神"的内涵具有深厚的根源，虽历经历史变迁，但仍具有顽强的稳定性，"变迁的条件只是要求新的诠释而已"。也就是说，场所精神并不会随着客观条件的变迁而改变，不同历史阶段的场所精神只是丰富内容或者变换表达形式。采石宕口作为一种工业遗产，记录了人类社会的历史进程，其最大的意义是它所承载的历史文脉和公众对它的情感寄托，也就是采石宕口的场所精神。即使在有形的物质遗产遭到损毁或湮灭，寄以场所精神的营造同样能延续采石宕口的价值。由于受到地理位置、自然环境、地域文化等因素的影响，不同的采石宕口也会具备不同的场所精神。所以，针对采石宕口独特的工业遗迹特征，对其历史和文化层面上进行更深层次的场所精神挖掘，是采石宕口人文景观提升的重点。

为了延续采石宕口的场所精神，就应该对采石宕口原有的采石活动遗迹进行科学地保留与合理利用，充分挖掘采石宕口的遗迹景观潜力，保存景观记忆，体现场所精神。对于采石活动遗迹，可将其整体保留，也可部分保留。整体保留是将景观的原状，包括所有采石坑、切割石壁、建（构）筑物、设备设施、道路管网、功能分区等全部承袭下来，仅仅对景观中带来负面环境影响的部分进行剔除或生态修复，保留景观原有的历史氛围，让人能感知采石场的生产、生活气息；部分保留是保留体现采石工艺、过程、印痕和文化的功能性工程建（构）筑物和裸岩、坑塘（水池）等特色遗迹景观，使其成为生态修复后的标志性景观，体现采石场性格特征。整体保留后，可依托采石活动各个阶段所使用的设备、不同的采石印记、厂房、宿舍、运输道路、操作平台等，通过对挖凿、加工工序和开采工具等进行景观塑造，还原开采过程，重现当年采石的工作场景。部分保留的特色遗迹景观，可通过修整使其材料、形式和工艺等恢复到原本的完好的面貌，使采石活动历史信息的识别性得到保留；还可在保持原有景观特征的基础上，将原有的建筑物、材料或设施融入或穿插到新的景观中去，以新景观的表达形式来体现旧景观的历史内涵；也可将采石活动中的工业要素加以发挥，以雕塑、小品等形式，将其具有艺术性地展示出来，塑造大地艺术，隐喻场地历史与文脉（图 3-25）。

（2）地域文化的融入

采石宕口人文景观如果仅仅围绕特定的场所精神进行提升，那么各采石宕口的人文景观将呈现各式各样的对采石文化的景观表达，景观及其内

图 3-25　南京园博园保留的特色遗迹景观

涵将会日益趋同、缺乏特色。地域文化是地域人文景观创作用之不竭的绿洲和源泉。特定地区的风土民俗、历史传统等，在融入景观设计后，会形成具有地方或民族历史文化韵味的景观作品。在采石宕口的人文景观提升中，除了保留原有的场所精神外，再将地域文化融入景观设计中去，将这两种文化相结合，采石宕口的人文景观将充满无限的活力与生机。首先就是地域文化相关的景观元素的应用。地域文化经历了较长时期的历史积淀，形成了具有不同典型地域内涵的景观元素，包括图腾、动物、植物、生产生活场景等在内的各种各样的图像和地方广为流传的历史典故、经典场景、重要人物等。将这些地域文化浓厚、富有民族特征的景观元素适当地运用到景观设计中去，无疑会给采石宕口的景观提升注入新鲜的血液。其次，还需要借鉴和利用中国传统园林的，尤其是地域园林的思维方式、审美情趣、造园手法等，将场地各种景观元素交融、调和，可以让场所精神得到充分表达，并独具地方特色，使地域文化得到继承与发扬，并保有采石宕口特有的气势与风格。

3.4　维护管理与监测

采石宕口生态修复工程完成后的维护管理，包括土建工程维护、设施保修、植物养护管理等。良好的维护管理是保障生态修复工程逐步实现生态、经济和社会效益的重要条件。一般采石宕口生态修复工程在做好一般性工程维护和植物管护的情况下，要着重注意地质灾害隐患防治工程和水土保持工程的维护管理。

当前监测仍是采石宕口生态修复工程最为薄弱的技术环节之一，仍有很多生态修复工程不够重视，简单敷衍，仅采取目测的方式进行监测；甚至直接将其忽略而缺失监测环节。但是，随着生态修复经验的积累和各种生态修复标准的出台，监测环节也逐渐被重视起来。有学者提出采取实地调查、现场巡查、定点监测和综合分析等方法，对水土保持工程开展生态环境变化、水土流失动态、水土保持措施防治效果和水土流失危害 4 大类定期监测。还有研究指出，应对高陡岩质边坡工程在生态修复工程开工前监测 1 次，以掌握侵蚀模数背景值；在生产运行期逢汛期每个季度监测 3 次，暴雨或中雨后加测 1 次，非汛期每个季度监测 1 次；林草恢复期每季度监测 1 次，暴雨或中雨后加测 1 次，才能更好地保障监测效果。广州市太珍石场绿色矿山建设项目采用成本较低、快速灵活、分辨率较高的无人机遥感技术，开展绿色矿山建设动态监测，有效地与易受云量干扰的卫星遥感技术形成互补，发挥出在低空领域无人机遥感独特的优势。通过无人机航空摄影、采集控制点、内业处理形成研究区正射影像图，利用立体正射影像建模建立三维模型，研究了绿色矿山建设中太珍石场在资源利用、开采方式、生态修复、企业管理、环境保护、水土保持6个方面的特征和规律，取得较好的动态监测效果。采石宕口生态修复工程竣工后的地质稳定性、土壤质量、水环境、植被生长及生物多样性等动态监测评估，是对比分析生态修复工程设计目标与实际结果之间的差距、排查原因，进而反向指导、改进生态修复规划设计策略与工程技术不可或缺的重要环节。

3.4.1 监测评估程序

生态修复中需要对各个阶段的工作成果进行评价和记录，并对照项目的指标、目标和目的，评估生态修复的进展情况与效果，通过比对分析与生态修复规划目标之间的差距并查找根源，以监测评估结果反向指导、改进生态修复设计与工程技术。

监测评估程序需依据生态修复技术方案制定，监测从计划阶段开始，以确定所采用的修复措施成功与否，同时为后续管理提供信息并进行评估。监测方案包括监测目的、监测内容、监测方法、监测点布置、监测预警和信息反馈与共享机制等。后评估内容包括地质灾害隐患防治工程的稳定性、水土保持工程的稳定性、水质、动植物生长及生物多样性变化等，以确保该场地不会呈现退化状态。

3.4.2 植物管护

采石场的开采从根本上改变了山体外貌特征，严重破坏了原生植被和土壤，形成了大量的坡向、坡度各异的岩石斜坡、悬崖、碎石堆积体及台地、采矿坑等，甚至存在反倾石壁。岩石斜坡表面遍布着开采留下的不规则凹陷和缝隙，造成极端的环境条件，限制了植物的生长。地形整理和土壤重构只是在一定程度上解决了土壤问题，宕口内的光、热、水、气、土环境及其对植物生长发育影响的复杂性，使采石宕口生态修复中的植物管护，与一般园林绿化相比，存在很大的差异，养护管理具有特殊性。宕口植物养护必须根据宕口微立地、生态修复规划目标和植物生态习性，制定科学、完整、系统的管护方案，提供满足各类植物正常生长的环境条件和水肥供应，防止或减少植物病虫害的发生，从而使得被恢复宕口植物生态群落稳定。

1. 采石宕口微立地的特征

立地泛指林木生长的地段。立地条件是指林地上所有与林木生长发育有关的自然环境因子的统称，包括地形、土壤、气候、水文、生物等。

（1）光热条件

1）坡向影响

宕口内边坡不同坡向对受到的日照时数和太阳辐射强度有着深刻影响。对我们所处的北半球而言，太阳辐射南坡最多，其次为东南坡和西南坡，再次为东坡与西坡及东北坡和西北坡，最少为北坡。田涛实地测定了北京房山区黄院村采石场的废弃边坡的不同坡向的地温月变化规律，结果表明，阳坡、平坡和阴坡三者的变化规律一致，只是数据大小有差别；坡向对不同深度的土温影响明显，阳坡的各类地温相对最大，阴坡的各类地温相对最小。坡向和深度地温数据进行的双因素方差分析，显示坡向和深度对地温影响达到显著水平（$P=0.003 < 0.05$）。黄晚华等研究建立了不同坡向条件下太阳辐射量变化模型，分析微地形对太阳辐射的影响及对地表温度的影响，结果表明，微地形下太阳辐射具有明显的空间分布特征，表现为沟脊大，沟底小；阳坡大，阴坡小；坡度越大，接收的太阳辐射量越少；地形遮蔽效应对太阳辐射影响程度依次为冬季＞秋季＞春季＞夏季；地表温度与太阳辐射呈显著相关，相关系数为0.622（图3-26）。

2）基岩影响

太阳照射到土壤或岩石，土壤或岩石表面受到辐射会吸热，使自身温度升高。单位质量或原状体积的土壤或岩石温度升高1℃所需的热量称为

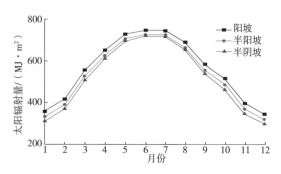

图3-26 实验样区不同坡向太阳辐射量月变化图

（引自黄晚华等，2006）

比热容。常见的砂岩、石灰岩、花岗岩的比热容分别为878J/（kg·℃）、920J/（kg·℃）和794J/（kg·℃）。

土壤是由固体、液体和气体三相物质组成的复合体。在土壤的组成物质中，空气的热容量最小，水的热容量最大，固体成分介于两者之间。土壤中空气的容积热容量与固体颗粒和水的容积热容量相比，可忽略而不计。因此，土壤热容量主要由固体颗粒和水决定。水的比热容约为4200J/（kg·℃）。1g水基本等于1cm³，所以水的体积热容量约为4.2J/（cm³·℃）。土壤的体积热容量一般为1~2.5J/（cm³·℃），含水量大则更高。

采石宕口裸石率高，即使喷播区，土层也很薄，基岩吸热后很快温度上升，一方面产生辐射热，影响植物根系发育和生长；另一方面，会增加喷播层土壤水分的蒸发。

（2）水分条件

黄淮海地区属于温带季风气候，夏季风是东南风向，相应地，冬季风是西北风向。总体上，夏季时阳坡雨水量大于阴坡；相反，冬季时阴坡雨雪量大于阳坡。另外，阴坡由于坡向朝北，在北半球，其所接收的太阳辐射量比阳坡少，减少了土壤水分的蒸发和流失，从而在一般无降水情况下，阴坡土壤水分比阳坡土壤水分更高。

坡度对土壤水分的影响呈显著的负相关关系，即随着坡度的增加，土壤水分相应呈下降趋势。这是由于在坡度大的情况下，土壤接收的水分不易储存和下渗，坡度缓的地区土壤接收的水分能得到长期积累，使其含量更高。

土壤水分在坡面尺度上的分布还受到坡位因子的显著影响。受地势高低的影响，坡面尺度上土壤水分也同样会发生侧向流动，即沿着整个坡面的运动。上坡位由于所处的地势高，土壤水分在重力的作用下沿着整个坡面从上坡位流向下坡位，从而使上坡位土壤水分流失较快，而中坡位和下坡位接收来自上坡位的土壤水分，从而呈现出上坡位土壤水分最低的现象。而对于中坡位而言，地处整个坡面的中部，虽能接收到来自上坡位的土壤水分，但也存在和上坡位一样的情况，即土壤水分沿着坡面向下坡位运移。所以对于中坡位而言，其虽能接收到来自上坡位的土壤水分，但亦会出现土壤水分向下坡位的运移。下坡位一方面由于地势较平坦，有效地减少了土壤水分的侧向运动。同时能接收来自上坡位和中坡位的土壤水分，所以下坡位的土壤水分含量在这三种坡位中是最高的。

（3）土壤条件

采石宕口自然土壤已被彻底破坏，生态修复所形成的人工土壤，是由部分耕作熟化土壤、大量未经耕作熟化的深层土壤，以及外源土壤与泥炭、草纤维、保水剂、黏合剂、复合肥、土壤改良剂、pH 值缓冲剂、固化剂等非土壤成分共同均匀混合形成，覆盖在岩石层上，无固定厚度、土层结构和剖面，完全改变了表层土体的构型，已经不能再归入地带性的自然土壤类型，属于人为新成土。

1）人为新成土的基本特征

目前，国内陡急险岩质边坡生态复绿中比较常见的有厚层基材型和植被混凝土型等基本的人工土壤基质配置方案。

厚层基材型配方主要由增效剂、秸秆纤维和土壤 3 部分组成，其中核心的增效剂主要由有机质、生物菌肥、粗细纤维、pH 值调整剂、全价缓释肥、保水剂和消毒剂等组成，能起到保证植被长期生长所需的养分平衡和水分平衡的作用。该技术及基材适用于年降水量 ≥ 600mm、连续干旱时间 ≤ 50d 的非高寒地区的不同地质、水文及气候条件的岩石边坡。植被混凝土型配方是在厚层基材型配方基础上发展而来，由水泥、混凝土绿化添加剂、植生土和腐殖质等组成。高分子材料作粘结剂会由于自然降解作用而失效，采用水泥作粘结剂可增强基材与混凝土的依附性，并提高其抗冲刷能力。但水泥呈碱性，不仅不利于植物种子的生根和发芽，还影响土壤养分的有效性、土壤微生物活性、植物根系生长和抗性大小以及植物群落的构成等，通常加入如红黏土、过磷酸钙等和 pH 值缓冲剂，将 pH 值由强碱性降低到中性。

2）人为新成土的抗冲击性

土壤抗冲性是指土壤抵抗径流的机械破坏和推动下移的能力，表征土壤抗侵蚀能力的强弱。采石宕口人为新成土的抗冲击性，既受宕口基岩坡度、坡向的影响，还与人为新成土的配方和理化性质、植被类型、根系分布等因素密切相关。

基岩坡度和坡向对土壤侵蚀强度的影响，主要是通过影响坡地上径流特征而起作用，径流特征主要受降雨特征和土壤渗透性所支配。南坡（迎风坡）降雨量和单位面积上降雨强度比北坡（背风坡）大，夏季南北坡不同降雨特征导致南坡土壤湿度比较大，引起南坡水分渗透能力减少，因而，相对于北坡会产生较大的坡面径流。

人为新成土的配方中，保水剂含量会对喷播基质的物理结构、植物生长和抗冲能力产生显著影响。保水剂含量的增加能明显减低基质的容重，提高喷播基质的孔隙度和持水能力，增加有效水持续时间，进而提高喷播植物的出苗率和盖度。但保水剂含量并非越高越好，而是有一个适度的范围，综合多项研究结果，保水剂含量保持在 0.15%~0.30% 的范围内，会在一定程度上增加喷播基质抗冲能力，这既有保水剂对基质物理结构的改善作用，也有促进植物生长和覆盖对地表的保护作用。

在持续强降雨作用下，采石宕口斜坡上的地下水对新成土稳定性的影响，一般包括了以下几个方面：

①饱水加载效应：长时间的降雨入渗，将使得整个基岩表层（带）的土体均处于饱和状态，导致土体重度增大。

②软化作用：基岩表层（带）的土体饱水，产生润滑和软化作用，导致土体与基岩的接触带抗剪强度降低。

③渗流作用：堆坡区地下水的渗流作用随降水时间有较大幅度的提高。

④潜蚀作用：堆坡区地下水的潜蚀作用随降水时间而明显增强，导致土体变松，产生流土。

⑤浮托作用：坡面排水不畅时，底层下水对上部土层具有浮托作用。

2. 植被建植期的管护

植被建植初期应根据采石宕口立地特点，对新建植被开展有针对性的管护，以最大限度地降低不良生境条件的影响，提高重建植被的成活率。

（1）平缓坡区养护管理

一般情况下，平缓坡区植物管护无特殊要求。但要注意，在地表土壤温度高或高温干旱季节，种子幼芽及幼苗由于地面高温容易被烫伤，应每天观察植物生长状况及土层干湿状况，必要时适当增加 2~3 次雾喷，每次雾喷湿润深度宜为 10~20mm。

（2）陡急和险崖坡区养护管理

削坡和堆坡后的土壤重构区，由于其特殊的地理条件，其养护亦具有其特殊性，植物栽植完成后宜在坡面覆盖无纺布或草帘，以有效防止地表径流，减少坡面植生基材的流失，同时还有利于植物初期生长的保墒，促进植物生长。植物生长初期覆盖无纺布或草帘，保证植被覆盖率，一般经过 45d 左右，植被生长到一定高度时即可撤掉无纺布或草帘。

对于长坡面和坡陡地段，铺设地埋式渗滴灌是行之有效的办法，只需在坡顶修筑集水池，依靠自然压力就能实现。如无条件在坡顶修筑集水池的，需沿着坡面安装主管道，坡顶或垂直地段铺设灌溉管网，采用水车运水，连接坡面主管道就可达到浇水的目的。

（3）水塘湿地区养护管理

水生和湿生植物一般生长迅速、适应性强，较容易形成自然的植物群落，管理较为粗放。需特别注意的是在水分管理方面，依生长习性的不同，对水体深度要求也不同，沉水植物水位必须超过植株高度，使茎叶自然伸展；挺水植物因茎叶会挺出水面，则须保持 50~100cm 的水深；浮水植物要根据景观效果进行调整，使叶浮于水面呈自然状态；湿生植物因种植在常水位以上，故根茎部及以上部分不易长期浸泡在水中，只要保持土壤湿润、稍呈积水状态即可。

（4）喷播区养护管理

喷播区域应在喷射表面终凝后 1~2d 内开始以雾化程度高、雾滴细小、对建植层打击强度小、均匀度好的微喷方式喷水保湿，喷水次数以保持建植层的湿润状态为宜。前期持续养护时间为 45d 左右，养护浇水的时间以早晚进行为佳，尽量避免中午高温时段进行喷水作业，以免灼伤幼苗叶片。喷播区应视喷播植物生理习性跟踪检查种子出苗情况，一般是在喷播结束后的 7~20d 检查种子的出苗情况，如遇出苗不齐或有斑块性缺苗时，需要及时补种。补播的种子一般提前 3~4d 进行浸种催芽，补播前 1d 应浇透基质，然后人工播种或用喷播机播种。

3. 植被成活后的管护

植被建植后到植物群落成型前这段时间内的养护工作主要包括土壤水分管理、土壤肥力管理、植物病虫害管理和植物群落管理等工作。

（1）土壤水分管理

1）浇水频率和时间

植被幼苗期根系浅，不能缺水。当植被长至两个月，幼苗出齐 1 个月或三叶期后开始控水，可有计划地减少浇水量。这样有利于刺激草根向纵深发展，使培养植被根系强大，提高植被的抗病及抗干旱的能力，此后进一步减少浇水次数，干透后浇水，浇则浇透，尽量使它适应当地的自然环境。

根据不同季节，调整浇水次数和时间。冬季，地温较低，水分蒸发量小，可少浇水，在 2 月中下旬浇返青水使植被复绿，宜选择在中午浇灌。

夏季，地面蒸发及植物蒸腾量都大，植被需水量大，应及时浇水，宜选择在上午浇水为好。

2）浇水工具和方式

灌溉工具包括喷灌、洒水车浇灌和滴灌等，尤以滴灌系统更为精细。对于长坡面或坡陡地段，土壤或基质厚度及保水能力逐渐下降，故浇灌时应从坡面高处逐渐移向坡面低处，并适当增加高处浇水时长，尽可能提高高处土壤含水量。

（2）土壤肥力管理

1）施肥种类

施肥分为施底肥和追肥，底肥一般在喷播时一起加入，每平方米用缓释复混肥 30~40g，追肥要掌握种类、时间、数量和方法。用于追肥的可以是速效氮肥，也可以是缓释复混肥和缓释氮肥。齐苗后（或喷播结束后的15d），应结合浇水施 0.3% ~0.5% 的尿素 1~2 次。

2）施肥时间和方式

施肥的最佳时间应在温度和湿度最适宜植被生长的季节，施肥数量的多少和次数取决于草种类型、土壤的质地、季节和植被的长势。施肥可采用叶面喷施（结合浇水进行）或撒施，浇肥时要注意浓度，注意均匀撒施，同时施肥后应立即浇水，以防烧苗。

（3）植物病虫害管理

植物病虫害防治应以预防为主，早春各种植被将要进入旺盛生长期，即植被临发病前喷适量的波尔多液或甲基托布津或多菌灵 1 次，以后每隔 2 周喷一次，连续喷 3~4 次。在使用杀菌剂时，应当在正确诊断病害、明确病原菌种类、掌握病害发生发展规律的基础上对该种病原菌喷有效的杀菌剂或采用其他适当的防治手段。

在发现病虫危害趋势时应立即组织实施防控，坚持以绿色环保的生物防治、物理防治、人工防治为主，化学防治为辅，大力推行使用无毒或低毒的化学药剂，将农药污染控制在最低限度。

（4）植物群落管理

与普通园林绿化不同，采石宕口生态修复中用于景观营造的植物系统，存有适当的杂草有利于提高生物的多样性和维护坡面的稳定性。因此，杂草的管理应视坡面的具体情况而定。自然恢复区植物管护应同时做好防火、设备维护等工作。随着边坡植被的逐渐成熟，生物积累量增加，就特别需要注意防火安全。秋冬季节，植被进入休眠期，干燥的枯枝落叶等极易引起火灾，应加强巡查防范，及时清除枯枝落叶。同时，对边坡植物管护来说，洒水车、浇水管道、抽水机、打药机、修剪机具等基础养护设备尤其重要，应注意定期维护保养，确保其在关键时刻能够正常使用。

通过 2~3 年的养护管理，植被逐渐稳定生长，植物群落对当地环境形成了较强的适应力，以后可以不再进行常规的养护管理。但为保持重建边坡的长期稳定与平衡，仍然需要适时巡查，尤其是在遇到极端天气状况时，更需多加养护，以促进植被良性生长，最终形成近自然的生态系统，实现采石宕口的生态改造和重建。

3.4.3　地质及加固结构稳定性监测

采石宕口地质及加固结构的稳定性监测，包括生态修复过程中和生态修复完成后的生态修复区域地质及支护加固结构稳定性因素的监测。生态修复过程中的监测主要是指在消除地质灾害隐患、进行支护加固过程中的施工安全监测；生态修复完成后的监测主要是指为消除地质灾害隐患而采取的支护加固措施的效果监测和动态长期监测。监测结果是判断地质及支护加固设施稳定状态、指导施工、反馈设计和防治效果检验的重要依据。

1. 监测基本要求

采石宕口地质及加固结构稳定性监测工作由具有相应专业能力的单位实施，实施方案包括监测目的、监测项目、监测方法、监测点布置、监测项目预警和信息反馈与共享机制等。

采石宕口地质及加固结构稳定性监测项目包括变形监测、应力监测（锚杆、锚索、轴力、预应力锚杆等支护结构应力）、爆破震动监测、水文监测（降雨监测、地表水监测、地下水监测）。

变形监测主要指位移监测，而位移监测主要包括地表水平位移和垂直位移监测，位移情况是稳定性最直观、灵敏的反映。通常采用经纬仪、全站仪、水准仪、GPS 等测量仪器了解边坡体水平位移、垂直位移。

地表裂缝位错监测采用伸缩仪、位错计，或千分卡直接量测，用以了解地裂缝伸缩变化和位错情况。

预应力锚索应力监测用锚索测力计监测，以了解预应力动态变化和锚索的长期工作性能，为生态修复工程实施提供依据。

抗滑桩受力用压力盒监测，以了解边坡体传递给支挡工程的压力。

监测数据的采集宜采用自动化的方式，建立监测数据库，监测须有险情预警标准。

2. 生态修复过程监测

地质灾害隐患防治作为生态修复的基础工程，在防治施工过程中应对危岩体、陡立宕口、高边坡、破碎斜坡滑动体和附近边坡进行实时监控，以了解由于采取爆破清除、降坡及排水等地质灾害隐患消除措施进行的土石方开挖、临时设施搭建、构筑物修筑施工扰动等因素对施工人员、机械设备的安全及宕口边坡地质稳定性的影响，并及时指导工程实施、调整工程部署、安排施工进度等。随着地质灾害隐患的逐步消除，动态调整监测内容、监测点的位置、监测频率等。

在锚杆、预应力锚杆（索）、格构框架梁支护加固结构施工过程中进行实时监控，以了解锚杆（索）的实际工作状态、锚固效果及预应力损失情况，修正锚杆（索）的设计参数等。

在抗滑桩支护加固结构施工过程中进行实时监测，以监测抗滑桩的加固效果及受力状态，了解抗滑桩的正面滑力及背面坡体的抗滑力。

在重力挡土墙支护加固结构施工过程中进行实时监测，了解挡土墙背土压力变化及挡土墙位移。

在注浆加固结构施工过程进行实时监测，防止地面隆起、地下水污染、注浆液溢出地面或超出注浆范围。

在生态修复的锚杆—挂网施工过程中，应对网垫的上下幅搭接方式、固定方式、锚杆与网垫的连接质量、基质与网垫结合密实性等进行监测。

水文监测应对地表水和地下水水质进行实时或定期监测，了解渗流压力、渗流量及水质，用以判断地质稳定状态对加固支护结构稳定性的影响及水质对生态修复植物的影响。

监测点应布置在稳定性差，或工程扰动大的部位，采用多种手段互相验证和补充。

消除地质灾害隐患进行支护加固的施工安全监测原则上采用24h自动定时观测方式进行，以使监测信息能及时地反映宕口边坡变形破坏特征，供有关方面作出决断。如果边坡稳定性好，且工程扰动小，可采用8~24h观测一次的方式进行。

3. 生态修复完成后监测

生态修复工程完成后，应继续对地质及支护加固结构稳定性效果进行长期监测，这一方面是为了解边坡地质变形破坏特征，例如对锚杆—挂网垫喷播生态护坡结构稳定性进行动态跟踪；另一方面是针对实施的支护加固工程进行监测，包括监测预应力锚索应力值的变化、抗滑桩的变形和土压力、排水系统的过流能力等，以直接了解工程实施效果。通过长期的、系统的监测，以了解生态修复工程实施后边坡的变化特征，为后继的技术发展提供科学依据。

监测频率宜按地质灾害隐患防治区域分区制定；一般防治区宜 2 年监测 1 次，次重点防治区宜每年监测 1 次，重点防治区宜每年监测 2 次，特殊情况下根据实际需要实施监测。在外界扰动较大时，如暴雨期间，应加密观测次数。

动态长期监测应根据工程设计和施工实际，宜沿采石宕口边坡主剖面进行，监测点的布置可少于施工安全监测和防治效果监测。监测内容主要包括滑带深部位移监测、地下水位监测和地面变形监测。动态变化较大时，可适当加密观测次数。

3.4.4　植物与生态系统监测

生物多样性保护受到国际社会的广泛关注。生物多样性是一个内涵十分丰富的概念，一般包括生态系统多样性、物种多样性和基因多样性 3 个概念层次，也有专家划分为景观多样性、生态系统多样性、物种多样性和基因多样性 4 个层次。对于人工促进采石宕口生态修复区而言，生物多样性的监测对象主要为物种和生态系统 2 个层次。物种与生态系统监测是评价、指导和改进生态修复工作的一项重要的基础性工作，生态修复工程竣工后的前 3 年宜每年进行 1 次，3 年后监测频率宜根据实际需要合理调整，通常每 5 年一次为宜。

1. 物种监测

对于人工促进采石宕口生态修复区而言，在物种层次的监测就是对区内植物、动物等物种种群和主要影响因素的监测。自然界中，组成生物群落的各个物种的种群之间存在着复杂的种间关系，它们之间相互联系、相互制约、相互促进，这种关系对群落的组成、稳定和演替具有重要的意义。

因此，应对各物种进行全面监测。物种监测对象包括植物、真菌、兽类、鸟类、两栖爬行类、昆虫类等。监测指标包括种类、各物种数量、分布等情况，尤其要重点监测关键种、外来种、指示种、重点保护种、受威胁种、对人类有特殊价值的物种、典型的或有代表性的物种。这些重点物种种群监测内容包括种群大小与密度、种群结构、种群平衡以及影响种群大小的压力变化等。

（1）植物群落变化

采石宕口生态修复区植物群落变化监测的群落样地要选主要植被类型，样地面积应根据不同植被类型而定，乔木样地的面积以 ≥ $1hm^2$（100m×100m）为宜；灌丛监测样地一般不少于 5 个 10m×10m 的样方，对大型或稀疏灌丛，样方面积应扩大到 20m×20m 或更大；草地监测样地一般不少于 5 个 1m×1m 样方，样方之间的间隔不小于 250m，若监测区域草地群落分布呈斑块状，较为稀疏或草本植物高大，应将样方扩大至 2m×2m。样地应具有代表性，易于监测工作展开，利于长期监测与维护，以正方形为宜，应能够反映集合群落的组成和结构（表 3-10）。

植物群落主要监测指标   表 3-10

监测内容	监测指标
乔木层	种类、个体数量、郁闭度、密度、盖度、高度、胸径
灌木层	种类、株（丛）数、高度、盖度
层间植物	种类、株（丛）数、生活型（藤本、附生、攀缘、寄生等）、附生高度
草本层	种类、株（丛）数、平均高、盖度
天然更新	种类、数量、高度
物种多样性	多样性指数（Shannon — Wiener 指数等）、重点保护植物的种类及数量

（2）植物物种监测

采石宕口生态修复区物种监测的重点，应为国家重点保护植物、极小种群物种，或者是当地群众比较喜爱、易受到砍伐或破坏的物种（表 3-11）。

植物物种监测指标 表 3-11

监测内容	监测指标
生境状况	土壤、水、大气环境基本状况
种群结构	种群数量、年龄结构、种群密度、种群高度、种群盖度
种群动态	幼树更新状况
物候	物候期
人为干扰	干扰方式和强度

（3）外来入侵或自然衰退植物监测

生物入侵向来是重要的生态学议题之一。植物衰退同样是植物种群发生的重要现象，特别在人工促进生态修复区，初始植物群落的构建可以说完全处于人的意志之下，是否完全符合修复区自然生态环境，需要对具有自然衰退（迹象）的物种加以重点监测（表 3-12）。

外来入侵物种监测指标 表 3-12

监测内容	监测指标
生境特征	土壤、水、大气生境基本状况
自然衰退 / 入侵物种	物种名称、分布地点、面积、生长状况、密度、盖度
入侵物种扩散	繁殖方式、扩散方式、适宜性
衰退机理	气象环境、水环境、土壤环境、生物环境
对群落结构的影响	对乔木、灌木、草本的影响

（4）动物监测

采石宕口生态修复区动物监测的对象包括兽类、鸟类、两栖类和水生动物 4 类，监测的指标包括物种名称、数量、分布格局等（表 3-13）。监测方法，兽类可采用鸣声监测法、直观监测法、痕迹监测法等；鸟类可采用样带监测法、样点监测法等；两栖类可采用样带法、样方法、陷阱法等；水生动物可采用诱网捕捞等传统方法。

主要动物监测指标 表 3-13

监测对象	监测指标	获取途径
兽类	种类、数量、行为类型、性比、成幼比	样方和定点观察（或聆听）相结合
鸟类	种类、数量、行为状态、性比、成幼比等	样带和定点观察（或聆听）相结合
两栖类	种类、种群数量、鸣叫声密度	样方、样带和定点观察（或聆听）相结合
水生动物	种类、个体数、年龄段、体长	诱网捕捞

采用红外相机监测技术，可以改善工作效率、成本花费和数据质量等。根据野生动物的分布特点，制定科学的红外相机监测方案，合理布设红外相机的位置和数量，构建野生动物红外相机监测网络，应尽量通过"穿插分散"的方式提高样本代表性，并在上述过程中保证每个相机位点数据的统计独立性，防止"伪重复抽样"。监测时的抽样强度指标主要有监测时长（捕获日）和抽样面积 2 个参数。捕获日国内大部分物种多样性监测的投入都在 1000~3000 个捕获日之间，就抽样面积而言，Mokany 等曾通过群落物种模拟演示 α 和 β 多样性随抽样面积变化的情况并用真实物种进行了验证，指出抽样面积至少是整个研究区域的 10% 才能对 α 和 β 多样性均做出可信度较高的统计推断。

2. 生态系统监测

采石宕口生态修复区生态系统层次的监测，主要是通过在采石宕口生态修复内建立一定面积的固定样地，对陆生生态系统、湿生生态系统到水生生态系统的组成、结构、功能及关键物种、濒危物种和主要的生态学过程进行监测。主要监测指标包括植被类型多样性、龄组结构、植被自然度、天然次生植被面积比重、植被覆盖率、植被破碎化、群落垂直结构、空间结构、植被健康等。

在采用传统方法实施生态系统监测的同时，无人机监测技术作为一种新型的中低空实时电视成像和红外成像快速获取系统，影像获取速度快、应用周期短、影像清晰度高、便于解析、受自然环境约束小、成本低、操作容易、运行和维护成本低。通过无人机获取的影像数据具有更高的时空分辨率，基于长期、高频率无人机遥感数据能更深入地开展生物多样性监测，如植物物种分布、生物多样性反演、生境监测，能开展更多传统遥感技术无法实现的监测应用，如入侵物种监测等单体事件和局部区域开展精细化监测。生态系统无人机监测技术包括图像识别与分类解译、数据反演与格局分析、数字建模与地表测量等。图像识别与分类解译技术类别包括了植物识别、植被分类等。

进行植物识别可利用不同植物生长、凋落、开花等表观特征的不同，增强识别的差异，同时经过实地光谱、纹理、群落、生境等信息的采集，结合无人机正射拍摄或倾斜拍摄，实现解译识别。

植被分类结合已有的植被调查数据和分类成果，利用地形、土壤、种间关系、群落结构等现场调查数据，实现群丛水平的植被分类。

数据反演植被长势监测需要构建训练样方，并实地采集样本数据如植被高度、胸径、生物量等，通过实测数据和无人机数据相关关系的构建，反演计算获得生物量、叶面积等表征植被长势的指标。

物候季相监测时，需要采集温度、降水、日照时长等环境数据，同时利用无人机观测植物萌芽、开花、结果、枯萎等现象，将实测数据和无人机数据进行关联，实现更加精准的物候季相监测或预测数据。

植被结构监测时，在调查获知乔灌草物种组成、密度、盖度、高度等真实数据后，使用无人机搭载激光雷达传感器进行扫描，获得密度点云数据，重建森林三维结构。

植被覆盖格局监测，关注植被盖度、林窗、林冠、生境异质性、连通性和隔离性等，结合土地利用数据、植被分类数据等，对无人机数据使用景观生态学分析方法，掌握景观格局变化发展的趋势和原因。

第 4 章

采石宕口生态修复实践案例

在公园城市理念指导下，采石宕口生态修复可以兼顾生态、环境、社会经济目标，采用生物修复、物理与化学修复和植物修复等多种措施，不仅将已经退化、损害或破坏的生态系统恢复到一种适应本地的自然模式——参照生境，而且能够更好地服务城市绿色可持续发展。针对人口集中、工商业发达、居民以非农业人口为主的城市，仅仅"恢复自然生态系统"是不够的，也是难以实现的。公园城市导向下的城市生态修复必须在尊重自然规律和城市发展规律的前提下，综合分析，统筹好城市生态和城市经济社会两大系统，加强城市生态修复多目标的协调衔接，增强生态修复的系统性和整体性，协同多维要素，最终实现城市发展的多元化目标，促进城市可持续发展。

党中央和各级党委政府十分重视城市生态修复，近年来各地以"公园城市理念"为指引，开展了大量实践，徐州、上海、武汉等城市涌现出一批城市采石宕口生态修复的经典案例。这些生态修复典型案例中，各地结合城市发展特征各有侧重地开展城市生态修复，取得了较好的实际效果。同时，在生态修复过程中，不断总结实践经验，有利于促进生态修复理论创新、制度创新、技术创新，形成独具一格的城市生态修复"中国范式"。

4.1　徐州市金龙湖（东珠山）采石宕口生态修复

徐州市金龙湖（东珠山）采石宕口位于徐州经济开发区"高铁国际商务区"核心区域，原为乡村采石场，按位置分为南北2片宕口区。由于无序开采，危崖乱石裸露，植被荡然无存，破碎的岩体、累累的危崖、大大小小的乱石岗，满目疮痍，像一块"城市的伤疤"，严重影响了开发区的生态环境与景观形象。本次生态修复工作本着"创新模式、科学治理"的原则，恢复整个东珠山区域的生态环境，同时，保留必要的采矿遗迹，打造城市历史的时空，进而组合成新的矿山遗址景观。以"成为综合性、高品

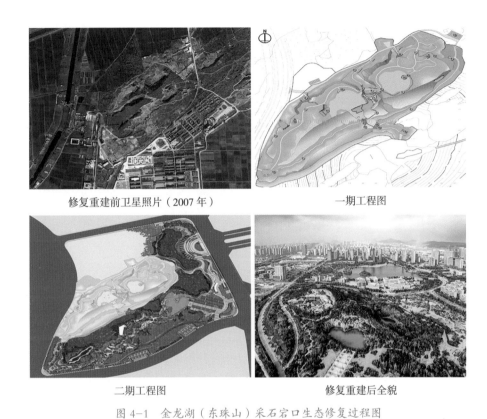

修复重建前卫星照片（2007 年）　　　　　一期工程图

二期工程图　　　　　　　　　修复重建后全貌

图 4-1　金龙湖（东珠山）采石宕口生态修复过程图

质风景名胜区和科普教育基地"为目标，以"修复生态、覆绿留景、凝练文化、拉动经济"为理念，通过创新设计理念，融合国际矿山治理先进技术，精巧施工、巧于因借，最终打造"虽由人作、宛自天开"的独特山景魅力与人文气质的大地艺术景观。整个工程分两期实施，一期工程位于北坡，总面积约 12hm^2，二期工程位于南坡，总面积约 22hm^2（图 4-1）。工程的实施把一座满目疮痍的山体变为一座风景优美的宕口公园，成为徐州东部高铁出口第一颗璀璨的生态明珠，彻底改变了区域生态环境与景观质量。

4.1.1　修复治理的技术条件分析

1. 自然条件

东珠山为东西走向的山丘，海拔 140m，山脊线及东侧山坡残存有少量 20 世纪 50~60 年代人工营造的侧柏林，其他部位均为散乱的采石宕口，无植被分布。山体西部为三八河、房亭河交汇三角区（金龙湖），水资源条件好。

2. 景观环境质量

经过现场实地勘探，分析总结出环境治理对景观质量的影响因素，见表 4-1。

金龙湖（东珠山）采石宕口景观质量影响因素分析　　　　　　　　　　　　　　　表 4-1

序号	影响因素	频数	累计频数	频率（%）	累计频率（%）
1	岩体碎石覆盖，危崖累累	200	200	47.6	47.6
2	无土壤覆盖，不具备植物生长条件	160	360	38.1	85.7
3	宕口规模大，可借鉴经验不多	40	400	9.5	95.2
4	其他	20	420	4.8	100

从表 4-1 可以看出，岩体碎石覆盖、危崖累累且不具备植物生长条件累计频率达到 85.7%，是影响金龙湖（东珠山）采石宕口景观质量的最主要因素。

3. 地质安全性

根据现场调查，采石宕口中近 90% 的断岩坡度大于 60°。根据边坡稳定性系数计算公式并参照《建筑边坡工程技术规范》GB 50330—2013，计算得出 90% 以上的废弃矿断岩稳定性系数小于 1.30，部分断岩上部有地表水渗入，加重重力侵蚀，易发生滑坡、崩塌等地质灾害（图 4-2）。

图 4-2　治理前部分地貌

4.1.2　主要技术与方法

1. 目标及对策

面对复杂的场地条件，施工单位组织多专业、多工种专业人员组成攻关小组，并邀请地质结构专家、地质勘探专家、地质爆破专家等现场会诊，按照优良工程指标要求，针对技术关键问题，采用关联分析法，经集体讨论，制定金龙湖（东珠山）采石宕口综合整治景观工程要因、目标及对策措施（表4-2）。

要因、目标及对策措施表　　　　　　　　　　　　　　　　　　　　　　　　表4-2

序号	要因	目标	对策	措施
1	过度开采山石	山体关键部位碎石层清理完成率达90%	清除岩体碎石，改善地质环境	人机结合； 局部定向爆破清坡
2	现场无水源	通过引入金龙湖水源，形成东西宕口两处水潭	分析宕口周边环境，引入金龙湖水源	制定连通线路； 预埋连通管道
3	山体加固材料局限性大	完成山体岩层加固的同时，利于后续生态修复施工	选用经济型、生态型、易操作加固材料	锚杆加固； 少量混凝土配合浆砌片石填补； 块石垒砌护坡
4	传统施工方法不利于山体生态	施工方法弱化人工痕迹，为后续工程提供生态空间	以山体生态效应为准绳，制定针对性施工方案	挂网喷播； 多采用原木结构
5	现场种植土资源匮乏	依照规划设计要求完成土方造型，覆土厚度满足大型乔木种植要求	组织调运土方，开展覆土工程	严控土方质量，调配加入营养土成分； 合理组织土方施工机械

2. 地质安全隐患消除

（1）清除岩体碎石，改善地质环境

单纯机械施工影响面积大，极易破坏原有岩体及生态层结构，不利于后期山坡整形，因此，采用人机结合施工。具体要求与做法如下：

1）人工配合小型机械清除较危险的松动石块。

2）机械无法清除的辅以定点爆破清除，原坡临空面局部机械削坡。爆破请爆破专业队伍，结合现场调研，整合各项实测数据，依照规划设计要求制定爆破施工方案。

3）最大限度留景复绿，建筑、道路、景观设施合理避让有安全隐患的山体岩石，只对必要位置进行地质灾害整治，达到生态治理目的同时，降低造价。安全尺度：坡顶线与建筑水平距离不小于7m；坡脚线与人行步道水平距离不小于5m；坡脚线与水中栈桥、水中平台水平距离不小于8m。

注意：清除岩体碎石的重点在于必须勘测明了所需清理部分碎石层的覆盖厚度，在清理的过程中必须注意对周边岩石的保护。

效果确认：虽然较之大型机械清坡而言，人机结合施工周期有所加长，但清坡效果显著，碎石清除率达到90%，清除后岩层坡型较好，周边岩石形态得到充分体现，清坡施工过程安全系数增加，也降低了大型机械施工的废气污染，达到绿色施工要求。

（2）选用经济型、生态型、易操作的材料对山体进行加固

经过山体清坡处理后，更多景石及适用于承载的岩石得以显现，"顺坡就势"地进行坡面及岩石加固显得尤为重要。具体要求与做法如下（图4-3）：

1）针对断岩稳定性较差，对结构面较成型的岩石采用锚杆加固处理，锚杆用直径25mm的3级钢筋制作，锚杆深度深入岩层稳固层且不小于1.5m。

2）对坡面形成的较多石缝，为护坡加固且防止雨水冲刷，选用浆砌片石配少量的细石混凝土填补。片石选自然级配，施工中严控漏浆。

3）对经清坡后出现的较陡坡面，以原山体采集块石垒砌护坡。块石堆砌自然，融入山体。

效果确认：采用原有山体岩石固坡，节省了大量的人工和材料，绿色治山，人工痕迹不明显，为山体原生态复原营造了较大的空间。

图4-3　地质安全隐患消除施工

3. 生态与景观重建

（1）总体思路

金龙湖（东珠山）采石宕口生态与景观重建以"技术可行性、经济合理性"为原则，依形就势，因材施用，在地形设计中充分考虑宕口岩壁、宕底水塘的走向、分布、规模等采矿遗迹因素，优先选定需要保留、展示的区域，根据地形地貌做相应的景观设计。园内包含健康自行车道 800m，一、二级园路 3000m，上山木栈道 550m；山体北部主要布置"两潭、两岛、一谷、一云梯"等主体景观，并建立连续的东西向景观走廊，通过木栈道、云梯等元素将山顶、宕底、岩壁的各个景点链接起来，突出表现原有的宕口奇峰异石与设计的景观节点之间的完美结合；山体南部在东侧沿城市界面建立城市生活景观廊道，以满足市民休闲娱乐及城市展示等综合功能需求；在西侧沿城市界面依据地势完善雨洪管理，建立雨水花园（微型湿地景观），增加区域内物种多样性，丰富景观体验；山体未被开采区布置市民山体休闲活动空间；在采空区建设彩蝶花谷、静星湖、星河瀑、朗星湖以及箭竹林、赏星台、石矿科普展示园等景观节点，最终形成山水一体，植被茂密的山体景观效果，成功打造出一个"显山露水、山清水秀"的金龙湖（东珠山）采石宕口公园，为游客提供生态的、连续的、丰富的景观体验。

（2）土壤重构

珠山宕口大量覆土施工集中在西南坡，该处坡度陡、通道窄、地形乱，原始地貌复杂。现场大型土方车辆根本无法行驶，而小型土方车辆则无法保证整个施工过程的安全性，安全隐患随处可见。因此，采用以下措施：

1）利用矿区残留废弃石渣作陡坡体与底面间的堆填体，堆筑与原山体环境相协调的地形，在此基础上均匀覆盖一定厚度优质土壤作为种植土壤。

2）严控覆土质量，调配加入营养土成分。保证种植土是园林土，且富含有机质、团粒结构完好、具有良好的通气、透水和保肥能力，pH 值在 6~7，干密度 ≤ 1.2g/cm³，土中不得混入垃圾、石头等，保证种植土的整体成分与结构的一致。覆土厚度 ≥ 150cm，同时对覆土适当碾压并及时取样试验，满足设计要求的密实度。

3）部分高陡坡区采取控制等高墙的高度恢复山体，不仅大大减少土方量，而且这种梯田式的结构能使修复的山体和原有山体紧密结合，并且等高线修复墙自身也形成了一种大气优美的景观肌理，和山体融为一体。

4）设置机械作业安全距离，由大型运输车辆将土方运送至山体脚下，同时安排多台挖掘机在山坡上一字排开进行接力短驳，通过连续作业，快速将土方运送至山顶。

（3）挂网喷播

常规做法拟采用大面积喷筑快硬性混凝土固坡，以 GPC 塑石打造瀑布景观，以钢筋混凝土结构为主配以石材贴面打造云梯景观。但是，大面积喷筑快硬性混凝土对施工场地与施工机械要求较高且完成后坡面无法进行种植，不利于山体生态复原要求，以 GRC 及混凝土为主材建造的景观人工痕迹浓烈，与天然山体环境无法融合，生态主题不突出。因此，采用以下措施：

1）坡度较大、风化严重、但不会崩塌的坡面部分，采取挂网喷播草、树种子的方法，依靠植物根系的生长来稳定山体。对过于陡峭的坡面进行削坡处理，必要时可采用小范围的点状爆破，以满足喷播挂网复绿的需要。

2）布置镀锌网挂网喷播时、镀锌网在铺网的坡顶须延伸 100cm 左右开沟，并用桩钉固定后回填，坡顶固定好后自上而下铺设。镀锌网左右两片之间搭接宽度不小于 10cm，坡顶及搭接处用主锚固定，其中坡顶布置一行主锚。锚钉横向间距 50cm，坡面铁网搭接处布置一排，间距 100cm，坡面总体每 m^2 不少于 5 个锚钉，锚钉梅花形布置。对于个别平顺的坡面须增设锚钉，目的是保证铁网更合理地贴近坡面；但网面与坡面之间须留不小于 2cm 的空隙。最后，网与岩面的空隙间填入含有当地植物根系和易萌发的植物块根的种植土，有利于当地植被的侵入，促使种植土中的当地植被的种子、块根和根茎的再生发芽和萌生，但覆土不超过网面。喷混合植生土是岩石坡面上植被生长发育的首要条件。

3）坡面上已经长成的树木和野草，适应当地条件，且已初步形成景观，应尽量保留，不予破坏。喷播时，在树、草生长较为稀疏之处补加喷播树、草种子，使之生长茂盛，快速形成理想的景观。

（4）沟通水系

具体做法是，选取金龙湖至采石宕口西宕底水潭最经济路径，埋设 $DN1000$ 混凝土管加 $DN600 \times 2$ 双壁波纹管进行联通（图 4-4）。

（5）就地取材，生态环保，节约成本

利用废弃石渣砌作宕口底面的排水沟基础，铺设宕口内景观道路、汀步、踏步等，做到生态再造景观。保留原有采矿的设施、设备，并在旁边设置艺术性标牌，对其历史和作用作简洁的文字说明，让后人了解矿山的过去，产生时空对话。用绿化及景观小品相结合的方法，对这些设施与设

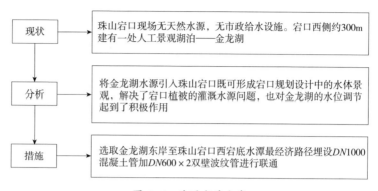

图 4-4　沟通水系方案

备加以艺术修饰，使之成为既有历史意义，又有艺术观赏性的新景观。

（6）主要景观节点构建

金龙湖（东珠山）采石宕口公园有入口广场、两潭两岛、宕口瀑布、观止、云梯、彩虹桥、朗星湖、石林听涛、唱竹揽翠、彩径观花、秀谷韵乐、城市生活广场等。入口广场采用生态、内敛的入口形式，以自然简约的 4 片景墙及树形优美的大树，各种层次的灌木球及灌木色带，色彩丰富的四季草花，把游人的视觉引入宕口公园内。两潭两岛位于北片区宕口群的最低处，是全园整个规划设计中最先确立的景观节点和地形地貌整理的基点。金龙湖水引入后，在宕底东西各形成一潭，形如日、月相照。结合两潭形状，在月潭中设立半月状半岛，在日潭中设立朝日状离岛，由此形成"两岛"景观。两潭两岛周边道路串联廊、榭、平台等公园小品，既丰富了宕口游园的野趣，也展现出宕口改造后景观特色。宕口瀑布利用宕口内最大的向外凸出的垂壁区，设计成一级挂落、二级流淌的组合式瀑布，使裸露的宕面变成流动的水墙，涛声阵阵，增添了无限生机。观止是上山入口一处绿树掩映的小山门，有机地融入了宕口公园的环境，建筑形式相对简洁。石雕山门上书"观止"二字，出自《左传》中"观止矣！若有他乐，吾不敢请已。"表达看到的景色好到极点，达到无以复加的程度。云梯位于宕口瀑布一侧，折线式的"云梯"依岩壁而走，掩映于高矮不同的树木丛中，游人拾级而上直达山顶，既保护生态复绿效果又增加游客的游园野趣，亦保证登梯的同时驻足观景。彩虹桥高悬北坡宕口峡谷顶部，设置"彩虹桥"链接两侧山体景点。晴日阳光照射峡谷，彩虹高挂空中，一侧瀑布倾流而下，美不胜收，如置仙境。朗星湖位于南坡宕口区，为观赏性景观水系，亦是雨洪管理系统。在东侧宕口区设置雨水收集池，梳理现有竖向高程，通过场地竖向设计，并结合台地种植设计，在台地中布置错落的湿生植物种植塘，延长水体流经的路线来净化山体径流，然后跌落到雨水收集池中，进一步净化水体。石林听涛以蜿蜒的木质的"锦带"小路，徜徉其中，园中造型植物，并以景观石及色彩丰富的灌木，穿插园路，给游人带来不一样的景观体验感官，游人走走停停，赏园赏美景，远借珠山之景，一园尽收两家春色。唱竹揽翠汲取竹在中国传统文化中的多和含义，如高洁、君子、气节、平安等，园中遍植竹子，形成竹主题园。丛植竹林，可揽丛林之翠绿，也可听竹叶沙沙，满园的生机勃勃。园中以粉墙黛色衬托竹之青翠挺拔，为竹林添了诗情画意，以景墙框景，框进的是画，露出的是诗。彩径观花以柔软的曲线勾勒道路和草地，极尽花之细腻。花径与小路在大地自然地流淌，步移景异，五彩缤纷。四季草花颜色绚丽，石材铺装简单古朴，交相掩映，体现四季变换。秀谷韵乐在平坦的地面方便游客出行活动，周边的特色景墙进行了蜿蜒高低处理，在增加景观层次的基础上亦是孩子玩耍锻炼的绝佳场地，体现谷地风情的同时可作为坐凳或游步道，生动活泼。墙内穿插着特色景观芦苇灯，给夜中增加一抹趣味及亮色。城市生活广场既是城市滨水空间，也是城市文化生活广场，是湖光山色的休憩广场。可观景休闲，可运动健身，合理利用滨水空间，为市民提供休闲娱乐场所（图4-5~图4-14）。

图4-5 公园入口

图4-6 两潭两岛（一）

图4-7 两潭两岛（二）

图4-8 瀑布

图4-9 彩虹桥

图4-10 朗星湖

图 4-11　石林听涛

图 4-12　唱竹揽翠

图 4-13　彩径观花

图 4-14　秀谷韵乐

（7）植物配置

1）基本原则

按照生态演替规律和场地的自然条件，先选择本地乡土植物组成生态林和植物地被，建成容易生长、生长速度优越的植物群落，以改善场地现有的植被状况，还原被破坏的生态环境。依据滨水基本景观结构配置湿生植被，选择乡土、自然的植物种类，塑造和维护公园植物配置的自然、淳朴风格，从植物群落自身而产生的环境梯度变化角度增加场地内植物生境的多样性。

①选择能够有效净化空气、抗污吸污，改善环境的植物，利用植物的有益分泌物质和挥发物质，达到增强人体健康、防病治病的目的。

②遵从"互惠共生"原理，协调植物之间的关系，使构建的植物群落长期共同生活在一起，彼此相互依存。

③选择无刺、无毒、无害的植物，避免选对身心健康造成伤害的种类。

④植物选择要季相搭配，注意"三季有花，四季常绿，突出夏秋季景观"的原则，力求生态效益与观赏价值兼顾。

⑤注重植物的常绿落叶搭配，乔灌草地被搭配，创造层次丰富的植物景观。

⑥林草地粗放式自然生长，湿地植物沿河蜿蜒种植，自然过渡到水体，

水生植物成片自然生长。

2）植物群落结构

①城市公园类型植物主题

关键词：城市化的、规划有秩序的。

植物品种

乔木层：香樟、广玉兰、桂花、银杏、三角枫、榉树、朴树；小乔木层：紫玉兰、西府海棠、榆叶梅、木本绣球、石榴、枇杷；地被层：金边黄杨、海桐、金叶女贞、红花檵木、紫叶小檗、金边扶芳藤、黑麦草、羽衣甘蓝。

②山林恢复型植物主题

关键词：自然的、疏密有致的、体现山林特色的。

植物品种

乔木层：白皮松、黑松、雪松、樟叶槭、椤木石楠、栾树、榔榆、三角枫、刚竹；小乔林层：山棉纱花、锦带花、桃、杏、李、橘、杨梅、卫矛、黄栌；地被层：铺地柏、南天竹、金丝桃、菲白竹、箬竹、金边扶芳藤、花叶络石、常春藤、藤本月季、野蔷薇。

③湿生湿地型植物主题

关键词：水生或湿生的，具有活力的

植物品种

乔木层：水杉、池杉、香樟、桂花、枫杨、国槐、三角枫；小乔木层：紫玉兰、西府海棠、锦带花；地被层：鸢尾、慈姑、芦苇、香蒲、再力花、水葱、黄菖蒲、睡莲。

④花卉带型植物主题

关键词：色彩丰富的、使人陶醉的、具有野趣的。

植物品种

美人蕉、萱草、金线菊、牵牛、石竹、虞美人、石蒜、雏菊、鸢尾、羽衣甘蓝。

⑤水生植物群落的营造

以茭白群丛、芦苇群丛、莲群丛、喜旱莲子草群丛、紫萍群丛、浮萍群丛、菱群丛为基础，适当增加和引入兼具观赏性和生态功能的香蒲群丛、千屈菜、黄菖蒲、水芹、再力花、石草蒲、美人蕉等挺水类群，适当增加萍蓬草、穗花狐尾藻等沉水植物。

4.1.3　修复治理的效果

通过对徐州市金龙湖宕口公园生态效益 8 项 14 个功能指标的监测和评估，生态修复后徐州市金龙湖宕口公园生态服务功能总价值为 705.25 万元 / 年，其中生物多样性保护价值 78 万元 / 年，涵养水源 157.78 万元 / 年，保育土壤价值 89.73 万元 / 年，固碳释氧价值 151.84 万元 / 年，积累营养物质价值 10.75 万元 / 年，净化大气环境价值 162.96 万元 / 年，森林防护 26.09 万元 / 年，森林游憩 28.1 万元 / 年。

1. 生物多样性

（1）植物多样性

金龙湖宕口公园共有植物 80 科、138 属、181 种（含变种），其中乔木 67 种、灌木 62 种、草本植物 31 种、水生植物 12 种、竹类 6 种、藤本 3 种。植物种类构成详见表 4-3。从各种植物类型所占比例来看，金龙湖景区乔灌木相差不大，乔木种类较少，灌木尤其是常绿灌木较多。木本植物中常绿树种的比例约为 38%，高于 23%（苏北地区常绿树种的比例）。乔木中常绿落叶比为 1 : 3.7，灌木中为 1 : 0.9，树种比例较为合理。草本、木本植物种类比例为 1 : 3。金龙湖宕口公园设计栽植了较多种类的草本植物，部分为水生植物，部分为草坪植物，地上草本植物种类较少，水生主要以挺水植物、浮叶植物为主。

金龙湖宕口公园植物种类构成　　　　　　　　　　　　　　　　　　　表 4-3

植物类型	科	属	种	种占总种数的比例（%）
乔木	28	50	67	37.02
灌木	24	43	62	34.25
草本植物	17	29	31	17.13
水生植物	8	9	12	6.63
竹类	1	5	6	3.31
藤本	2	2	3	1.66

（2）动物多样性

金龙湖宕口公园共有野生脊椎动物 144 种，隶属于 23 目 63 科（表 4-4）。动物中鸟类种类最多，共 13 目 37 科 90 种，占动物总种数的 62.5%；其次为哺乳动物，有 5 目 11 科 19 种；鱼类为 3 目 6 科 12 种；爬行动物有 1 目 5 科 16 种；两栖动物较少，有 1 目 4 科 7 种，占总数的 4.9%。

金龙湖宕口公园动物种类构成 表 4-4

动物类型	目	科	种	种占总种数的比例（%）
鸟类	13	37	90	62.5
鱼类	3	6	12	8.3
两栖动物	1	4	7	4.9
爬行动物	1	5	16	11.1
哺乳类动物	5	11	19	13.2

2. 生态修复价值评估

（1）生物多样性价值

金龙湖宕口公园森林生态系统的 Shannon-Wiener 指数为 3.1，对应的单位面积物种保育价值为 20000 元 /（hm^2·a）。根据公式，计算出金龙湖宕口公园生态系统生物多样性价值为 68 万元 /a，见表 4-5。

金龙湖宕口公园生物多样性价值 表 4-5

项目	幼龄林	中龄林	近熟林	合计
林分面积（hm^2）	10.61	20.67	2.72	34
物种保育价值（万元 /a）	21.22	41.34	5.44	68

（2）涵养水源

根据中国气象科学数据共享服务网获取的气象数据，可以求得到徐州市近 15 年的年平均降水量；根据前人研究成果，我国各类型森林的平均蒸散量占总降水量的 30%~80%，本项目采用《中国森林环境资源价值评价》中 70% 的平均蒸散系数，计算得出林分蒸散量；在遭遇大暴雨时，某些特殊地形地貌的林地会产生一定的地表径流，但从区域尺度和年尺度来看，地表径流量非常小，因此本项目忽略了地表径流量；水库单位库容造价为 13.71 元 /m³，居民用水价格取值为 4.51 元 /m³。根据公式，计算出金龙湖宕口公园涵养水源量及其价值（表 4-6）。其中公园涵养水源量为 86598m³/a，涵养水源价值 157.78 万元 /a，其中调节水量价值 118.73 万元 /a，净化水质价值 39.05 万元 /a，调节水量与净化水质的价值分别占涵养水源价值的比例为 75.25% 和 24.75%。单位面积森林生态系统涵养水源价值量为 4.64 万元 /（hm² · a）。

金龙湖宕口公园涵养水源量及其价值   表 4-6

项目	幼龄林	中龄林	近熟林	合计
林分面积（hm²）	10.61	20.67	2.72	34.00
年平均降水量（mm）	849	849	849	849
林分蒸散量（mm）	594.3	594.3	594.3	594.3
涵养水源量（m³）	27023.67	52646.49	6927.84	86598
调节水量价值（万元 /a）	37.05	72.18	9.50	118.73
净化水质价值（万元 /a）	12.19	23.74	3.12	39.05
涵养水源总价值（万元 /a）	49.24	95.92	12.62	157.78

（3）保育土壤

根据江苏省森林生态定位站多年监测数据及相关研究成果得出无林地的土壤平均侵蚀模数为 382t/（hm² · a），有林地的土壤平均侵蚀模数为 213t/（hm² · a），林地土壤平均密度为 1.3t/m³，单位体积土方挖取费用为 25.5 元 /m³。根据公式，计算出金龙湖宕口公园植被固持土壤量及其价值，如表 4-7 所示。

金龙湖宕口公园固土量及其价值 表 4-7

项目	幼龄林	中龄林	近熟林	合计
林分面积（hm²）	10.61	20.67	2.72	34
固土量（t/a）	1379.3	2687.1	353.6	4420
固土价值（万元/a）	3.52	6.85	0.90	11.27

经取样测定，徐州市森林区域层土壤全氮平均含量为 0.062%，全磷平均含量为 0.075%，全钾平均含量为 1.86%，有机质平均含量为 0.85%；根据化肥产品的说明，磷酸二铵化肥的含氮量和含磷量分别为 14% 和 15.01%，氯化钾化肥的含钾量为 50%；根据农业农村部中国农业信息网站，磷酸二铵化肥的价格为 3000 元/t，氯化钾化肥的价格为 2700 元/t，有机质价格为 920 元/t。根据公式，计算出金龙湖宕口公园保肥量（减少 N、P、K 流失量）及其价值（表 4-8）。

金龙湖宕口公园保肥量及其价值 表 4-8

项目	幼龄林	中龄林	近熟林	合计
林分面积（hm²）	10.61	20.67	2.72	34
减少 N 流失量（t/a）	1.1	2.17	0.29	3.56
减少 N 流失价值（万元/a）	2.38	4.64	0.61	7.63
减少 P 流失量（t/a）	1.35	2.62	0.34	4.31
减少 P 流失价值（万元/a）	2.69	5.24	0.69	8.62
减少 K 流失量（t/a）	33.35	64.97	8.55	106.87
减少 K 流失价值（万元/a）	18.01	35.09	4.62	57.72
减少有机质流失量（t/a）	15.24	29.69	3.91	48.84
减少有机质流失价值（万元/a）	1.4	2.73	0.36	4.49
森林保肥价值（万元/a）	24.48	47.7	6.28	78.46

金龙湖宕口公园植被保育土壤价值为植被固土价值与植被保肥价值之和，得出金龙湖宕口公园保育土壤价值如表 4-9 所示，徐州市金龙湖宕

口公园保育土壤价值89.73万元/a，其中植被固土价值11.27万元/a，植被保肥价值78.46万元/a，植被固土与植被保肥的价值分别占保育土壤价值的比例为12.56%和87.44%，单位面积植被生态系统保育土壤价值为2.64万元/（hm²·a）。

金龙湖宕口公园保育土壤价值　　　　　　　　　　　　　　　　　　　　　表 4-9

项目	幼龄林	中龄林	近熟林	合计
林分面积（hm²）	10.61	20.67	2.72	34
森林固土价值（万元/a）	3.52	6.85	0.90	11.27
森林保肥价值（万元/a）	24.48	47.70	6.28	78.46
森林保育土壤价值（万元/a）	28.00	54.55	7.18	89.73

（4）固碳释氧

根据文献资料，徐州市金龙湖宕口公园的植被净生产力取中国暖温带植被年均单位面积净生产力的平均值14.5t/（hm²·a）；根据瑞典碳税率，每吨碳150美元，折合成人民币为1038.7元/t；氧气的价格为2200元/t。根据公式，计算出金龙湖宕口公园固碳释氧实物量及其价值，如表4-10所示。其中固碳量为219.13t/a，固碳价值22.76万元/a，释氧量586.67t/a，释氧价值129.08万元/a，固碳释氧价值合计为151.84万元/a，单位面积植被生态系统固碳释氧价值量为4.47万元/（hm²·a）。

金龙湖宕口公园固碳释氧实物量及其价值　　　　　　　　　　　　　　　　表 4-10

项目	幼龄林	中龄林	近熟林	合计
林分面积（hm²）	10.61	20.67	2.72	34
固碳量（t/a）	68.38	133.22	17.53	219.13
固碳价值（万元/a）	7.1	13.84	1.82	22.76
释氧量（t/a）	183.08	356.66	46.93	586.67
释氧价值（万元/a）	40.28	78.47	10.33	129.08
固碳释氧价值（万元/a）	47.38	92.31	12.15	151.84

（5）积累有机物质

根据文献资料，徐州市金龙湖宕口公园的植被净生产力取中国暖温带植被年均单位面积净生产力的平均值 14.5t /（hm² · a），不同林分森林林木的 N、P、K 平均含量分别为 0.826%、0.035%、0.633%；根据化肥产品的说明，磷酸二铵化肥的含氮量和含磷量分别为 14% 和 15.01%，氯化钾化肥的含钾量为 50%；农业农村部中国农业信息网站公布数据显示，磷酸二铵化肥的价格为 3000 元 /t，氯化钾化肥的价格为 2700 元 /t。根据评价公式，计算出金龙湖宕口公园森林生态系统积累营养物质实物量，N4.08t/a，P0.16t/a，K3.12t/a，积累营养物质价值 10.75 万元 /a，单位面积植被积累营养物质价值量为 0.32 万元 /（hm² · a），见表 4-11。

金龙湖宕口公园林木营养物质积累实物量及其价值 表 4-11

项目	幼龄林	中龄林	近熟林	合计
林分面积（hm²）	10.61	20.67	2.72	34
积累 N 量（t/a）	1.27	2.48	0.33	4.08
积累 N 价值（万元 /a）	2.72	5.3	0.7	8.72
积累 P 量（t/a）	0.05	0.1	0.01	0.16
积累 P 价值（万元 /a）	0.11	0.21	0.03	0.35
积累 K 量（t/a）	0.97	1.9	0.25	3.12
积累 K 价值（万元 /a）	0.53	1.02	0.13	1.68
积累营养物质价值（万元 /a）	3.36	6.53	0.86	10.75

（6）净化大气环境

根据《中国生物多样性国情研究报告》，阔叶林对 SO_2 的吸收能力为 88.65kg /（hm² · a），针叶林的吸收能力为 215.60kg /（hm² · a），取平均值为 152.13kg /（hm² · a）；阔叶林的滞尘能力为 10.11t /（hm² · a），针叶林的滞尘能力为 33.2t /（hm² · a），取平均值为 21.66t /（hm² · a）；森林对氟化物的吸收能力为 2.57kg /（hm² · a）；森林对氮氧化物的吸收能力为

6.00kg /（hm^2·a）；森林空气中的负氧离子平均密度取 1680 个 /cm^3，林分平均高度为 7m；30m 宽的乔灌木树冠覆盖的道路可降低噪声 6~8dB，乔、灌、草结合的多层次的 40m 宽的绿地能降低噪声 10~15dB。按照最新国家排污费征收标准及说明等，结合徐州市目前经济水平及各指标的市场价格，取 SO$_2$ 的治理为 2.73 元 /kg；氟化物的治理费用为 2.69 元 /kg；氮氧化物的治理费用为 1.63 元 /kg；降尘的清理费用为 2.15 元 /kg；负离子生产价格为 10.69 元 /（108 个）；按郎奎建支付愿意法得到森林减少噪声价值为 5 元 /dB·m。根据评价公式，计算出金龙湖宕口公园生态系统净化大气环境的各项功能量及其价值分别为：吸收污染物价值 14688.28 元 /a，滞尘价值 158.33 万元 /a，提供负氧离子价值 931.68 元 /a，降低噪声价值 3.06 万元 /a，净化大气环境总价值 162.96 万元 /a，单位面积森林生态系统净化大气环境价值量为 4.79 万元 /（hm^2·a），见表 4–12。

金龙湖宕口公园净化大气环境实物量及其价值　　　　　　　　　　　　　表 4–12

项目	幼龄林	中龄林	近熟林	合计
林分面积（hm^2）	10.61	20.67	2.72	34
吸收 SO$_2$ 量（kg/a）	1614.10	3144.53	413.79	5172.42
吸收 SO$_2$ 价值（元 /a）	4406.49	8584.56	1129.66	14120.71
吸收氟化物量（kg/a）	27.27	53.12	6.99	87.38
吸收氟化物价值（元 /a）	73.35	142.90	18.80	235.05
吸收氮氧化物量（kg/a）	63.66	124.02	16.32	204.00
吸收氮氧化物价值（元 /a）	103.77	202.15	26.60	332.52
滞尘量（t/a）	229.81	447.71	58.92	736.44
滞尘价值（万元 /a）	49.40	96.26	12.67	158.33
提供负氧离子量（10^{18} 个 /a）	9.09	17.71	2.33	29.13
提供负氧离子价值（元 /a）	290.74	566.41	74.53	931.68
降低噪声价值（元 /a）	9549	18603	2448	30600
森林净化大气总价值（万元 /a）	50.85	99.07	13.04	162.96

（7）植被防护

植被防护的实物量折算为牧草产量，牧草价格采用 1.3 元 /kg，计算出金龙湖宕口公园植被防护价值，植被防护总价 26.09 万元 /a，平均单位面积植被防护价值 0.77 万元 /（hm² · a）（表 4–13）。

金龙湖宕口公园植被防护价值 表 4–13

项目	幼龄林	中龄林	近熟林	合计
林分面积（hm²）	10.61	20.67	2.72	34
森林防护实物量 [kg/（hm² · a）]	5870	5890	6110	17870
森林防护价值 [万元 /（hm² · a）]	8.10	15.83	2.16	26.09

（8）美景度与游憩价值

根据参与者对金龙湖宕口公园内不同林分类型景观效果的评分结果，从 30 种植物群落中筛选出得分较高的 6 组植物群落景观，依次为广玉兰石楠红枫阔叶混交林 > 侧柏红枫混交林 > 紫薇广玉兰阔叶混交林 > 银杏红枫阔叶混交林 > 雪松纯林 > 广玉兰阔叶纯林，其 SBE 美景度评价值分别为 86.53、83.62、82.23、77.54、71.27、68.87（图 4–15）。其中广玉兰石楠红枫阔叶混交林的美景度评价值最高，主要是由于该群落乔木层高低错落，色彩丰富，对比鲜明，且林下灌木层种类较多，树形优美，与乔木层搭配显得层次分明、错落有致，故景观质量最好。雪松纯林与广玉兰阔叶纯林分值较低，因为纯林林内色彩较为单调，且树形一致、无层次感，林下灌木种类较少，但相同的树种造型可以带给人一定的律动之感，且树形庞大饱满，故也在总体评分较好的范围之内。

本研究在典型样地调查法的基础上，采用旅行费用法对金龙湖宕口公园的旅游总收入及森林景观状况进行了分析，得出金龙湖宕口公园单位面积平均旅游价值为 8262 元 /（hm² · a）。根据金龙湖宕口公园的面积 34hm²，计算得出其森林游憩价值如表 4–14 所示。因此，金龙湖宕口公园的森林游憩价值为 28.10 万元 /a，单位面积森林游憩价值为 0.83 万元 /a。

图 4-15 金龙湖宕口公园不同植物群落美景度

金龙湖宕口公园生态游憩价值　　　　　　　　　　　　　　　　　　表 4-14

项目	幼龄林	中龄林	近熟林	合计
林分面积（hm²）	10.61	20.67	2.72	34
森林游憩价值（万元/a）	8.77	17.08	2.25	28.10

4.2 徐州市拖龙山山体生态修复

拖龙山位于徐州市新城区与高新区交界处，山体生态修复与景观重建
工程面积约为 29.8hm²（图 4-16）。整个山体区域岩石破碎，长期无植被覆
盖，土流失严重，大面斑秃，对所在区域存在严重粉尘污染。随着城市经

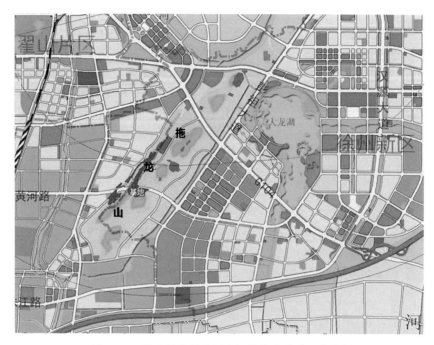

图 4-16　场地区位图（图中红色色块为项目范围）

济建设的发展，山体两侧原先的农田、村庄演变为居住小区、工厂等，成
为城市的重要组成部分，也是新城区和高新区之间规划绿廊的重要组成部
分。通过实施山体植被修复，改善了区域的生态小气候，提升了周边的环
境质量；通过山体消险、山坡加固，增强了山体的涵养水源、消减洪灾能
力，满足了拖龙山山体生态修复城市综合防灾的要求，山体亦成为城市组
团间重要的生态防护带。

4.2.1　生态修复目标与技术条件分析

1. 生态环境现状

拖龙山为东北—西南走向的条带状山丘，最高海拔达 120m，西北侧山
体局部为侧柏林，东南侧山体几乎无乔木分布，两侧均散布有大量采石宕
口（图 4-17）。

（1）地质危害

据调查，山体裸露（山崖、山坡）投影面积 4.7hm²，占总面积的 16%。
其中，东南侧最大断崖面长度 1.5km，最大高差 25m，西北侧断崖最大高差

图 4-17　场地用地现状图

50m。此外，其北邻庙山断崖高差 20m；南邻曹山断崖高差 50m。整个区域岩石破碎，危崖乱石裸露，发生崩塌、滑坡等地质灾害风险高。

（2）水土流失

山体长期无植被覆盖，土流失严重，无乔木覆盖区山体土壤极为瘠薄，几无自然恢复植被的能力。

（3）粉尘污染

山体大面斑秃，采石产生的粉尘在干旱季节大风作用下产生沙尘，导致所在区域、甚至城市空气质量的下降。

2. 生态修复治理的意义与目标、原则

（1）生态修复治理的意义

一是落实总体规划绿廊建设要求。《徐州市城市总体规划（2007—2020）（2017 年修订）》规定，徐州城市空间结构为"双心、六组团、15 个功能区"，拖龙山是新城区和高新区之间规划绿廊的重要组成部分，本项目是落实总体规划的重要内容。

二是改善生态环境的要求。拖龙山西侧高新区以物流中心、厂区为主，近山区域为居住用地，东侧新城区是徐州市的行政中心。山体生态修复对

于改善高新区、新城区区域的生态小气候、空气质量，提升环境品质具有至关重要的战略性作用。

三是城市综合防灾的要求。通过山体消险、山坡加固等工程措施，改造易崩塌、易滑坡的裸露坡面和岩壁，消除安全隐患。增强山体的涵养水源、消减洪灾能力，化解洪水、泥石流等隐患。

（2）修复治理的目标

以生态修复为主导，综合山体地质除险、断崖治理、宕口生态修复、林相改造、山体绿化，实现安全功能、生态功能和景观功能的统一，为居民提供休闲的好去处。

（3）修复治理的原则

以保护为基础，严格保护场地内现有山体和植被，因地制宜修复受损山体。

1）生态原则

尊重场地特有的自然特色，树种本地化，乔木、灌木、地被相结合，落叶树种、常绿树种、色叶树种相搭配，实现破损山体的自然生态，同时增加景观异质性，提高视效应，形成稳定的植物群落。

2）自然协调原则

植物的选择和搭配要与拖龙山周边绿化和周围山体相协调，形成自然的过渡，真正达到顺应自然、返璞归真、就地取材、追求天然的效果，使园林绿化和自然山林和谐统一。

3）安全稳定原则

修复过程要确保边坡的安全稳定，无滑坡和崩落现象发生，采取排险、固坡、做挡土墙等措施，制定工程措施和植物措施相结合的方案，有效控制水土流失。

3. 技术条件分析

（1）地形（竖向）分析

拖龙山山势较为平缓，最高海拔120m，山脚海拔45~60m。北邻庙山海拔85m，东邻段山海拔125m，南邻曹山海拔134m（图4-18）。

（2）水文地质分析

拖龙山两侧均有河流、灌溉渠，东南侧拦山河水流与故黄河、大龙湖相连，西北侧河流与奎河相连。拖龙山岩性主要为中厚层灰岩，岩溶、裂隙发育，富水性好，岩溶水赋存于奥陶系及寒武系地层中，水位埋深大于

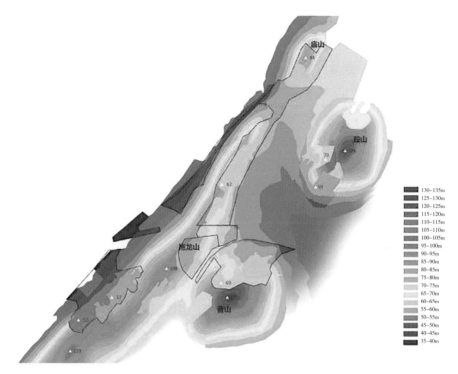

图 4-18　竖向分析

20m。补给来源主要是接受大气降水入渗和上覆孔隙水的下渗（或越流）补给，其次是地表水体渗漏和来自区外岩溶地下水的侧向径流补给，主要消耗于人工开采。

（3）工程地质条件分析

拖龙山基岩为寒武系中统张夏组至奥陶系下统马家沟组地层，为碳酸盐岩硬质岩石。

奥陶系下统肖县组—马家沟组灰岩，灰黄、深灰、紫灰色，隐晶致密，中—厚层状。干抗压强度 56.5~144.6MPa，平均 95.2MPa；垂直抗剪强度 6.2~11.6MPa，平均 8.2MPa；软化系数 0.46~1.0，平均 0.71。

寒武系上统凤山组上段—奥陶系下统贾汪组白云岩，灰、灰黄色，隐晶、薄—中厚层状。干抗压强度 97.8~103.1MPa，平均 100.5MPa；垂直抗剪强度 7.7~9.8MPa，平均 9.1MPa；软化系数 0.60~0.90，平均 0.73；

寒武系上统崮山组—凤山组下段灰岩，灰色、隐晶致密，薄—中厚层状。干抗压强度 30.9~140.0MPa，平均 77.9MPa；垂直抗剪强度 4.1~10MPa，平均 7.7MPa；软化系数 0.40~0.92，平均 0.69。

寒武系中统张夏组灰岩，灰色、隐晶、厚层状，干抗压强度 95.7~137.2MPa，平均 119.5MPa；垂直抗剪强度 9.3~10.2MPa，平均 9.6MPa；软化系数 0.81~1.00，平均 0.88。

（4）拖龙山安全性分析

拖龙山宕口面多，其中 90% 以上的断岩坡度大于 60%。根据边坡稳定性系数计算公式，并参照国家《建筑边坡工程技术规范》GB 50330—2013，计算得出 90% 以上的废弃矿断岩稳定性系数小于 1.30，易发生滑坡、崩塌等地质灾害。按照位置划分为 5 个区，分别为曹山北侧（修复区Ⅰ）、拖龙山西侧（修复区Ⅱ）、拖龙山东侧（修复区Ⅲ）、庙山南侧（修复区Ⅳ）及拖龙山西北侧（修复区Ⅴ）。其中，修复区Ⅰ采石区 56886m²，其他林地 3762m²；修复区Ⅱ采石区 43874m²，有林地 5077m²，村庄 9228m²；修复区Ⅲ采石区 72246m²，有林地 8835m²，其他草地 1430m²；修复区Ⅳ采石区 13175m²，有林地 5653m²，旱地 13471m²；修复区Ⅴ为村庄及有林地，山体整体完整。各分区位置及土地利用现状如图 4-19 所示。

1）修复区Ⅰ地质环境评价

修复区Ⅰ斜坡区分为南侧斜坡、东侧斜坡及西侧斜坡。地层产状 294° ∠ 70°~79°。

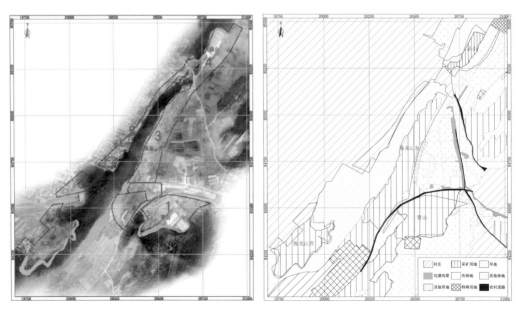

图 4-19　治理分区及土地利用现状图

南侧斜坡坡体高差为 40~52m，坡体产状约 347°∠63°~68°，局部近直立，绘制赤平投影（图 4-20），经分析，南侧斜坡为斜交坡，不具备平面滑动的条件，坡体节理裂隙不发育，不具备楔形体破坏，坡面存在开山采石爆破遗留的松动岩体。

东侧斜坡坡体高差为 6~13m，坡体产状约 309°∠56°~63°，绘制赤平投影（图 4-21），经分析，东侧斜坡为小角度斜交坡，地层倾角大于边坡坡角，坡面未见悬空，不具备平面滑动的条件，坡体节理裂隙不发育，不具备楔形体破坏，坡面存在开山采石爆破遗留的松动岩体。

西侧斜坡坡体产状约 102°∠60°~68°，局部近直立，绘制赤平投影（图 4-22），根据分析，西侧斜坡为反向坡，不具备平面滑动的条件，坡体节理裂隙不发育，不具备楔形体破坏，坡面存在开山采石爆破遗留的松动岩体。

反向坡，不具备平面滑动的条件，坡体节理裂隙不发育，不具备楔形体破坏，坡面存在开山采石爆破遗留的松动岩体。

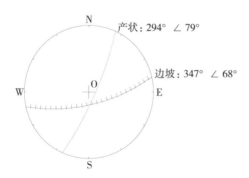

图 4-20　治理区 1 南侧斜坡赤平投影

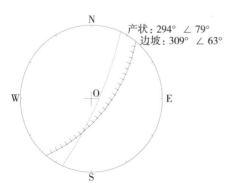
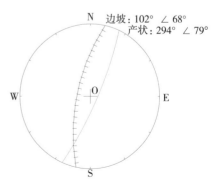

图 4-21　修复区Ⅰ东侧斜坡赤平投影　　　图 4-22　修复区Ⅰ西侧斜坡赤平投影

综上所述，修复区Ⅰ整体不具备平面滑动的条件，坡体节理裂隙不发育，不具备楔形体破坏，坡面存在开山采石爆破遗留的松动岩体。

2）修复区Ⅱ地质环境评价

修复区Ⅱ斜坡区为狭长采石宕口，分为北段、中段、南段。坡体高差 10~44m，坡体产状 301°~314°∠67°~75°，地层产状 311°∠75°，绘制赤平投影（图 4-23）。经分析，东侧斜坡为小角度斜交坡，地层倾角大于边坡坡角，坡面未见悬空，不具备平面滑动的条件，坡体节理裂隙不发育，不具备楔形体破坏，坡面存在开山采石爆破遗留的松动岩体（图 4-24、图 4-25）。

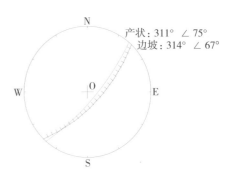

图 4-23 修复区Ⅱ（拖龙山西）赤平投影

图 4-24 修复区Ⅱ南段斜坡

图 4-25 修复区Ⅱ中段、北段斜坡

3）修复区Ⅲ地质环境评价

修复区Ⅲ为狭长采石宕口，坡体高差南段 13~26m，北段 5~10m，坡体产状 112°~132°∠50°~75°，地层产状 279°~294°∠70°~79°。绘制赤平投影（图 4-26），经分析，西侧斜坡为反向坡，不具备平面滑动的条件，坡体节理裂隙不发育，不具备楔形体破坏，坡面存在开山采石爆破遗留的松动岩体（图 4-27）。

4）修复区Ⅳ地质环境评价

修复区Ⅳ中部为环形采坑，斜坡区北侧坡坡体高差为 9~18m，坡体产状 196°∠67°~80°；两侧坡体高差为 4~7m，坡体产状 121°∠67°~80°、303°∠67°~80°。地层产状 311°∠75°。

绘制修复区Ⅳ北侧斜坡赤平投影（图 4-28），经分析，北侧斜坡为斜交坡，不具备平面滑动的条件，坡体节理裂隙不发育，不具备楔形体破坏，坡面存在开山采石爆破遗留的松动岩体。

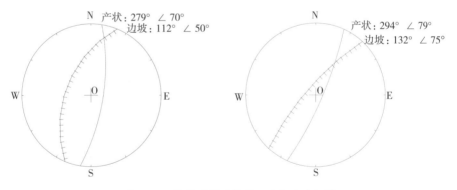

图 4-26　修复区Ⅲ（拖龙山东）赤平投影

图 4-27　修复区Ⅲ（拖龙山东）斜坡

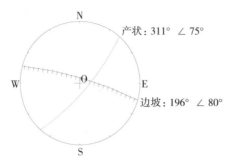

产状：311°∠75°

边坡：196°∠80°

图 4-28　修复区Ⅳ北侧斜坡

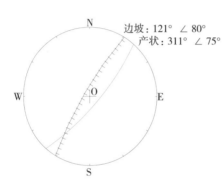

边坡：121°∠80°
产状：311°∠75°

图 4-29　修复区Ⅳ西侧斜坡

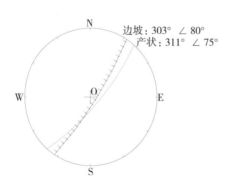

边坡：303°∠80°
产状：311°∠75°

图 4-30　修复区Ⅳ东侧斜坡

　　绘制修复区Ⅳ西侧斜坡赤平投影（图4-29），经分析，西侧斜坡为反向坡，不具备平面滑动的条件，坡体节理裂隙不发育，不具备楔形体破坏，坡面存在开山采石爆破遗留的松动岩体。

　　绘制修复区Ⅳ东侧斜坡赤平投影（图4-30），经分析，东侧斜坡为顺向坡，地层倾角大于坡角，具备平面滑动的条件，但是现状坡体高差4~7m，坡体为厚层灰岩，未见平面滑动的现象，坡面存在开山采石爆破遗留的松动岩体。

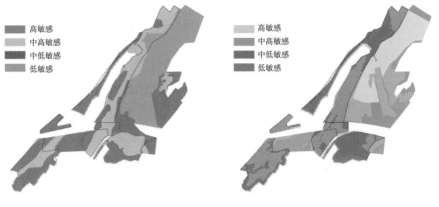

图 4-31　地形敏感度判定图　　　　　图 4-32　植被敏感度判定图

（5）生态敏感性评价

根据地形高差、坡度、断壁宕口、植被敏感度进行敏感度评定，拖龙山范围大部分区域处于生态高敏感、中敏感区域（图 4-31、图 4-32）。其中，高敏感区域为需要着重进行地形处理、山体修复的区域，中高敏感区域为荒地、采石场等需要整理、修复的区域，中低敏感区域为地势稍缓区域、略有可塑性。

4.2.2　主要技术与方法

1. 坡面系统整地

（1）台面下凹入渗技术

利用坡面上的局部台地进行下凹式处理，形成坡面降雨蓄渗措施，提高降雨收集利用率，提高土地的保墒能力（表 4-15）。

（2）局部反坡整地技术

通过局部台地进行反坡整地措施，可增加蓄渗能力，提高土地保墒能力。一般可采取爆破削坡砌台的措施以减缓坡度，有利于后续绿化种植等生态化改造（表 4-16）。

2. 土壤重构

根据现状条件和治理目标，将土壤重构区划分为填方 A 区及废弃地 B 区（图 4-33）。填方 A 区采用填方坡率法进行坡面整理，上部裸露斜坡进行清坡，消除坡面危岩体；布置挡墙进行坡面防护，防止土体流失影响

台面下凹入渗技术介绍   表 4-15

适用范围	主要材料	特点
山坡坡脚，雨水汇聚处或行洪通道	草灌木、砂砾、碎石	有利于蓄积和净化雨水，降低雨水冲刷破坏力

结构示意图

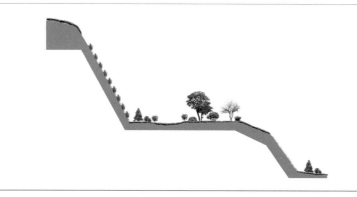

局部反坡整地技术介绍   表 4-16

适用范围	主要材料	特点
山体破损面较陡，平面腹地较小，顶层缺乏绿化种植条件的山体	回填土、叠石挡土墙	对于陡坡的改造修复效果较好；需要爆破和一定的土方搬运

结构示意图

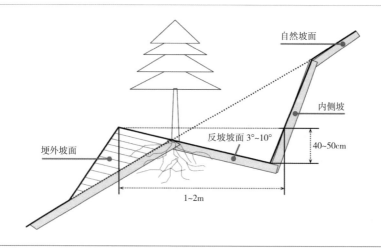

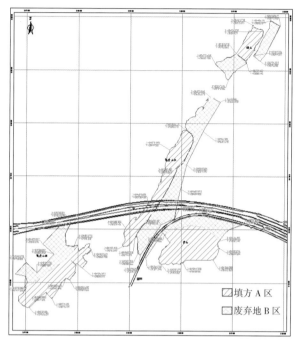

图 4-33　土壤重构区范围及分区图

坡体稳定；填方区及周边布置截排水系统，与周边市政设施排水系统沟通，排出坡面积水，防止因浸水造成填土坡失稳。废弃地 B 区采用地形整理进行填土覆绿，消除地形地貌景观破坏。

（1）地形整理，清除岩体碎石

对坡度陡峭的坡面，通过爆破等技术手段将其修整为缓坡，降低不稳定系数，增加坡面的稳定性。对松动的岩石通过人工排险，将其排除，防止滑落。清除岩体碎石的重点在于勘测明了所需清理部分碎石层的覆盖厚度，在清理的过程中必须注意对周边岩石的保护（图 4-34）。

图 4-34　现场施工图（一）

（2）挡土墙修整，选用经济型、生态型、易操作材料加固

地形坡面整理爆破后的坡面浮石过厚，在雨水冲刷下极易造成滑坡。为防止地质灾害的出现，对爆破后的山体采用削坡平台的方式进行处理。沿山脚、山腰、山坡高处修建挡土墙，挡土墙高度在2m左右，厚度在0.8~1.0m之间。挡土墙材料就地取材（图4-35）。

（3）排水沟整理

山体生态修复初期解决雨洪排水问题、防止水土流失是关键。采取在挡土墙内预留排水孔，使天然降水可以顺利排出。在挡土墙外侧利用自然山石和泥土堆砌集水沟，挡土墙内侧通过植被进行绿化，固定水土。在不同挡土墙之间顺应地势修建排水沟，引导集水沟内的水流以及场地内降水，最后将水流汇入自然水面（图4-36）。

3. 陡坡生态修复

（1）平面绿化遮挡技术

采取乔灌木遮挡措施。种植前可经过选点计算，沿山体破损面最高可视线以下，在坡前一定距离内种植乔灌木予以遮挡（表4-17）。

图4-35　现场施工图（二）

图4-36　现场施工图（三）

平面绿化遮挡技术介绍　　　　　　　　　　　　　　　　　　　　　　　　　　　表 4-17

适用范围	主要材料	特点
小于 3m 高差的陡坡，山体难以靠近或山前难以作业	回填种植土、树木	长久可靠，生态美观
结构示意图		

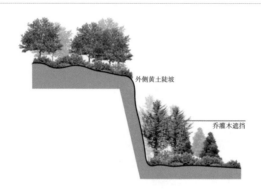

（2）台阶式改造及生态修复技术

大于 3m 高差的陡坡，采取台阶式土方改造及绿化种植措施。坡顶和坡脚设计雨水沟渠，分流雨水；坡脚采用废弃砖石填筑石笼拦挡，加固坡面（表 4-18）。

台阶式改造及生态修复技术介绍　　　　　　　　　　　　　　　　　　　　　　表 4-18

适用范围	主要材料	特点
大于 3m 高差的陡坡，坡下空间较为充足	回填土、叠石挡土墙、树木	长久可靠，生态美观，利用恢复原有山形风貌；需要一定的土方运输和挡墙加固工程
结构示意图		

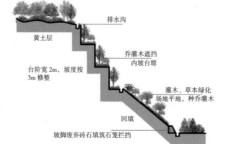

（3）高次团粒喷播技术

采用经特殊生产工艺制成的客土材料，加入植物种子，采用喷播、机械作业的方式制成最适于植物生长的土壤培养基。首先，对坡面清理并人工排险，利用锚网固定喷浆；然后，将含有种子及保水剂等混合成的材料喷播其上，已达到对破损岩面快速生态化改造的效果（表4-19）。

高次团粒喷播技术介绍　　　　　　　　　　　　　　　　　　　　　　表4-19

适用范围	主要材料	特点
破损山体岩石和土质坡面	植生毯、金属网、锚固件、高次团粒	施工速度快，抗风蚀、雨水冲刷能力强。喷播后无须覆盖物，有利于培育木本植物

结构示意图

原岩石坡面　01　→　喷播施工中　02　→　喷播后1周　03
喷播后1年　06　←　喷播后2个月　05　←　喷播后3周　04
喷播后2年　07
喷播后5年　08　→　喷播后7年　09

（4）台地续坡技术

利用大小、形态各异的自然山石作为挡土构件，由于山石本身的重力，来围挡山坡土体（表4-20）。

台地续坡技术介绍　　　　　　　　　　　　　　　　　　　　　　　　　　　　　表 4-20

适用范围	主要材料	特点
各类边坡和多种坡度，多适合于土质边坡或碎石及弃石边坡的破损山体	假山石、绿化苗木	灵活多变，简单稳固，利于保护原有自然风貌，节约成本

结构示意图

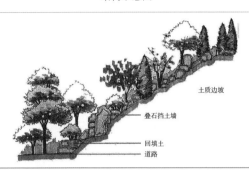

（5）其他生态修复技术（表 4-21）

其他生态修复技术介绍　　　　　　　　　　　　　　　　　　　　　　　　　　　　表 4-21

方法名称	方法说明	适用范围	主要材料	特点
挂网喷播	采用挂网，再将草种、纤维质、营养基质、保水剂等物质混合后，高压喷植	弱化的岩石地区，坡度大于 70° 以上，土壤和营养成分极少（或大面积土质砂土类边坡和混合山体边坡）	铁丝网、土工格、固钉、草坪（同普通喷播）、粘合剂、营养液及泥炭水	施工技术相对较难，工程量较大；解决了普通绿化达不到的施工工艺效果；不受地质条件限制
GRC 板塑假山	将抗玻璃纤维加入到低碱水泥砂浆中硬化后，脱模产生高强度复合"石块"。根据山形、体量和其他条件进行基架设置，铺设铁丝网，挂水泥砂浆面层雕塑，根据石色需要刷或喷涂非水溶性颜色	范围广泛	钢型材、钢网、塑石假山专用水泥、白水泥、表面保护剂、颜料	重量轻、强度高、抗老化、耐水湿；易于山体崖壁的垂直运输；安全风险小，施工简单，成本低
爆破燕窝覆绿	采用爆破、开凿等方法在石壁上定点开挖一定规格的巢穴后，往巢穴中加入土壤、水分和肥料，最后种植合适的速生类植物；同时可利用石缝、不规则面，加客土等混合物，种植攀缘性强的藤本植物	坡度大于 70° 以上的陡壁，微地形复杂的陡壁	客土混合物、藤本植物	灵活多变，因地制宜，见缝插针，可作为其他复绿方法的补充

续表

方法名称	方法说明	适用范围	主要材料	特点
山体石刻	在天然的石壁上摩刻的一种艺术形式	岩质山体		有利于提升地方人文魅力，形成标志性景观
岩面垂直绿化	在岩体的坑洼面种植攀缘植物的容器苗，实现岩体、挡墙绿化修复	坡度较陡的裸露岩体	乡土攀缘植物	有利于在岩土中部、上部种植攀缘性植物，提高了绿化的覆盖面积
植物纤维毯技术	利用作物秸秆、椰丝等废弃材料加工而成的毯状物，将其敷设于地表，可抗水蚀、风蚀、固化地表存储地表水分	含砂量大、高填方、粉砂土坡面	纤维网（聚丙烯）、天然植物纤维（如麦秸）、带草籽的营养土、营养纸（可降解膜）	可在早期降低砂性土边坡的风沙扬尘；可在早期提高砂性土边坡的抗雨水冲刷能力，防坍塌、渗水效果好；施工速度快捷，施工材料低碳、节能、环保

4. 林相改造

拖龙山现状植被为侧柏纯。为提高生物多样性、增加森林的稳定性，在生态修复中提出了逐步改造侧柏纯林林相的基本策略，将纯侧柏林逐步改造成地带性针阔混交林，具体改造方法如下：

（1）选择适宜的混交树种

针对侧柏的强阳性、耐寒性等特性，选择刺槐、栓皮栎、臭椿、楝树、三角枫、黄连木等混交树种，达到树种间的共生互利。

（2）选择适宜的混交类型

在立地条件较好的山脚坡地，采用侧柏、经济林果混交，既具有生态效益，又能产生经济效益；在一般立地，采用针、阔混交，利用阔叶树每年大量落叶回归土壤，有效地改善林地环境，促进林木健康生长；在较差立地，采用乔、灌木混交，如侧柏与胡枝子、紫穗槐等豆科植物混交，能有效固氮，保持水土，每年产生大量的枯枝落叶，能改善土壤，提高土地能力。

4.2.3　主要工程分区修复技术及效果

1. 修复区 I

（1）修复前现状

曹山北面宕口长度约为 580m，高差最大达 55m，宕口平均坡度在 65° 左右。采石留下大面积裸露的开采面，有层次纹理，整体较平整（图 4-37）。

（2）修复技术：垂直绿化 + 削坡砌台法 + 平面绿化遮挡

断崖位置采用垂直绿化，在岩体的坑洼部位及中上部种植攀缘植物的容器苗。采用削坡砌台法分层削坡后，进行坡面修整，清理浮土、杂物，渣土续坡，砌筑三层种植台并使整个坡面与周围环境充分融合。回填种植土后栽植小乔木、灌木，靠近边缘处栽植垂枝型植物，内侧栽植攀缘植物，靠近坡脚处栽植大乔木。在山前一定距离内种植高林带对山体破损面进行全面遮挡。整体形成"前应、后挡、上爬、下垂、中连接"的绿化结构（图 4-38）。

图 4-37　修复区 I 平面图及现状图（绿色为修复区 I 范围，
图中箭头方向为视线方向）

图 4-38　修复区 Ⅰ 1-1 修复前后剖面对比图

2. 修复区Ⅱ

（1）修复前现状

拖龙山西北侧宕口长度约为 600m，高差最大达 50m，宕口平均坡度在 70° 左右。采石留下大面积裸露的开采面，有少量植物生长（图 4-39、图 4-40）。

（2）修复技术：垂直绿化+削坡砌台法+平面绿化遮挡

修复区Ⅱ坡面较陡但岩面不光滑，坡顶有一定植物基质，由于裸岩陡坡，天然植被稀少，土壤无法附着，绿化难度较大。首先采用削坡砌台法分层削坡后，进行坡面修整，清理浮土、杂物，渣土续坡，砌筑两层种植

图 4-39　修复区Ⅱ平面图（绿色为修复区Ⅱ范围，图中箭头方向为视线方向）

图 4-40　修复区Ⅱ现状图

图 4-41　修复区Ⅱ 2-2 修复前后剖面对比图

台后回填 1.5m 种植土并使整个坡面与周围环境充分融合，栽植植被进行绿化；断崖位置采用垂直绿化，在岩体的坑洼部位及中上部种植攀缘植物的容器苗；在山前一定距离内种植高林带对山体破损面进行全面遮挡（图 4-41）。

3. 修复区Ⅲ

（1）修复前现状

修复区Ⅲ的连续宕口面长度达 800m，高差最大达 25m，宕口平均坡度在 80° 左右（图 4-42、图 4-43）。

（2）修复技术：垂直绿化 + 削坡砌台法 + 平面绿化遮挡

碎石边坡坡面较长，坡度较大，采用垂直绿化、削坡砌台法与平面绿化遮挡相结合。修复区Ⅲ石坡顶部及石缝中有土，结构不稳定，场地堆砌大量碎石渣土；进行地形整理，清除岩体碎石；在岩体的坑洼部位及中上部种植攀缘植物的容器苗；靠近下部渣土续坡，砌筑一层种植台后回填种植土并使整个坡面与周围环境充分融合，形成"下垂、上爬、中连接"的绿化模式（图 4-44、图 4-45）。

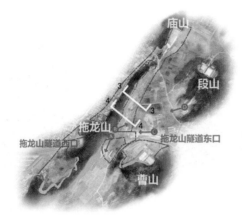

图 4-42 修复区Ⅲ平面图（绿色为修复区Ⅲ 　　图 4-43 修复区Ⅲ现状实景图
范围，图中箭头方向为视线方向）

图 4-44 修复区Ⅲ 3-3 修复前后剖面对比图

图 4-45 修复区Ⅲ 4-4 修复前后剖面对比图

4. 修复区Ⅳ

（1）修复前现状

庙山南面宕口长度约为 310m，高差为 18m，宕口平均坡度在 50° 左右（图 4-46、图 4-47）。

（2）修复技术：垂直绿化 + 平面绿化遮挡 + 台地续坡法

修复区Ⅳ现状已有台地基础，用台地续坡法加强山地景观。底层用湖石分层叠砌挡土墙，防止水土流失，增强边坡的稳定性；叠石间预留较多的植物种植穴，回填种植土后栽植小乔木、灌木，靠近边缘处栽植垂枝型

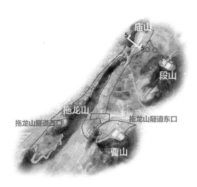

图 4-46　修复区 IV 平面图（绿色为修复区 IV 范围，图中箭头方向为视线方向）

图 4-47　修复区 IV 现状图

植物，内侧栽植攀缘植物，靠近坡脚处栽植大乔木；断崖位置采用垂直绿化，在岩体的坑洼部位及中上部种植攀缘植物的容器苗；并在山前一定距离内种植高林带，对山体破损面进行遮挡（图 4-48）。

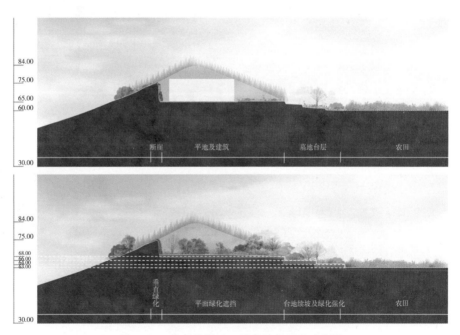

图 4-48　修复区 IV 5-5 修复前后剖面对比图

5. 修复区 V

（1）修复前现状

修复区 V 在场地西北侧，现状为侧柏林，山坡下局部 2~4m 宽的硬化区域，西侧为居民区；规划山体西侧有一条规划道路，道路宽度约 20m

（图4-49、图4-50）。

（2）修复技术：林相改造+绿化遮挡

由于此区域为纯侧柏林，植物品种较为单一，所以修复主要围绕山体林相改造展开；在靠近道路的区域，局部成片栽植色叶乔木、常绿和开花的灌木，进行组团式植物种植，形成一条城市向自然山林的过渡带（图4-51）。

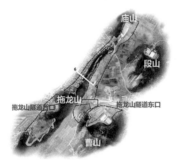

图4-49 修复区V平面图（绿色为修复区V范围，图中箭头方向为视线方向）

图4-50 修复区V现状图

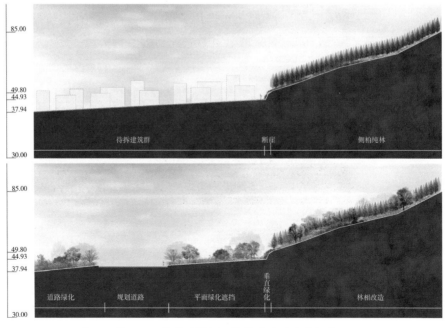

图4-51 修复区V 6-6修复前后剖面对比图

4.3　上海辰山采石场生态修复

辰山是上海松江九峰之一，因"位于辰次"（即在"云间九峰"东南方）故名。71m 高程的辰山，在地势低平多水无山的上海，也可算一座有来历的"名山"。1909 年有工商业者开始采石，1950 年代上海警备区后勤部工程大队设辰山采石厂进行石材开采，至 1980 年代中期停止。长期的石材开采，使它南坡半座山被削去，只剩下一片"残山枯水"。为保护矿山遗迹、恢复自然生态，结合辰山植物园建设，将山体西南侧采石场遗址围合成一座独具魅力的沉床式花园景观——矿坑花园，山体东南侧采石场遗址改造成为观赏性与科普性、传统植物文化与现代造园艺术相融合的植物专园——岩石和药用植物园。整个矿坑花园面积近 6 万 m²，通过因地制宜地保护和利用现有的场地特征，原有生态地貌、场地中的后工业元素、辰山文化与植物园的特性等有机整合为一体，成为一个布局精巧、配置合理、景色迷人的特色花园。

4.3.1　生态修复前状况

1. 自然景观

辰山采石坑属于人工采石遗迹，随着采石作业不断深入，南坡半座山头被削去，并留下东西两个采石坑，表面风化严重，表层植被剥离，部分区域因长期暴露和自然力作用形成明显的皱纹。其中，东侧采石区全部在地面以上采掘山体，形成大片石壁；西侧采石区向地下挖掘，形成一处巨大的矿坑深潭，潭壁为近 90° 的陡壁。采石爆破时岩石顺自身肌理开裂，山体部分表面较平整、无层次且风化相对严重，但深潭陡壁形态趋近于中国山水画中的皱纹，有较高审美价值。山体立面有矩形的防空洞通风口，山脚挡土墙年久失修形象欠佳。台地上灌丛茂盛但土层不厚；平台区为采石留下的断面，地势较平，基岩裸露，仅边缘位置有成片水杉林；深潭面积约 1hm²，与平台层高差约 52m，水面在地平面以下 20 多 m，水深 20 多 m，水质尚佳。

2. 人文资源

辰山原名秀林山，唐天宝六年（747 年）曾易名细林山，又传说有神仙寄迹山中，也称神山，明清以来，多称辰山。光绪年间所修《青浦县志（卷四）》记载，董其昌云："山在诸山东南，次于神位，宜名辰山。"辰山曾是上海的旅游胜地"九峰三泖"之一，自然风景优美，陆机、陆云、陶宗仪、杨维桢、陈继儒等曾在此一带活动。清嘉庆年间所修《松江府志》中记有辰山十景："洞口春云""镜湖晴月""金沙夕照""甘白山泉""五友奇石""素翁仙冢""丹井灵源""崇真晓钟""义士古碑""晚香遗址"。此外，还有九峰山人祠、四贤祠等，人文资源丰富。

4.3.2 生态修复主要规划条件与目标

1. 自然地理

辰山位于上海西南松江区境内。松江地区有 12 座山丘，为侏罗纪火山喷发形成，呈北东—南西向串珠状分布，海拔高程均不足百米。山丘岩性以安山岩为主，结构致密质地坚硬。辰山山体东西长约 680m，南北长约 350m，相对高程约 72m，坡度较缓。

上海属亚热带季风区，又濒临大海，气候温和湿润，四季分明，日照充足。年平均气温 16.1℃，最热月（7 月）平均气温 28.0℃，最冷月（1 月）平均气温 4.0℃，历史上极端最高气温 40.2℃（1934 年），极端最低气温 –12.1℃（1893 年）。由于受海洋的影响，酷暑、严寒期均不长。平均 ≥ 3℃有效积温 1684℃·d，≥ 10℃有效积温 2202℃·d。年均降水 1198.9mm，其中 3~5 月主要是春雨，占全年雨量的 25.8%；6~7 月主要是梅雨，占全年雨量的 27.6%；8~9 月主要是台风雨，占全年雨量的 25.2%；其余 10~12 月雨量占全年降水量的 21.3%。

2. 植物资源

上海位于北亚热带和中亚热带的过渡区，植物资源丰富。据调查，目前有原生维管植物 126 科 440 属 818 种（包括 7 亚种、49 变种、2 变型），外来逸生植物 86 科 234 属 367 种（包括 2 亚种、18 变种）。常见的有银杏、白栎、青冈栎、榉树、榆树、黄连木、南酸枣、石楠、泡桐、乌桕、苦楝、枫杨、构树、合欢、盐肤木、野柿等乔木；白檀、苦糖果、算盘子、枸杞、常春油麻藤、金银花等灌木和藤本；以及麦冬、石蒜、一枝黄花、野菊花等草本。园林中所用到的树种共计 77 科 204 属 464 种（含变种、变型、品种），常见的乔木有雪松、广玉兰、香樟、女贞、棕榈、英桐等；灌木和小乔木有珊瑚树、鸡爪槭、桂花、海桐、山茶、蚊母树、八角金盘、夹竹桃等。

3. 经济社会条件

上海是中国最发达的城市之一，同时也是一座国家历史文化名城，拥有深厚的近代城市文化底蕴和众多历史古迹。在 GaWC 发布的 2018 年世界城市体系排名中被评为"世界一线城市"，在科尔尼发布的 2019 年全球城市综合排名中排名世界第 19 位，中国第 3 位。在 2019 年全球城市营商环境指数暨百强城市排行榜中，排名世界第 48 位，中国第 4 位。

4. 生态修复规划目标

（1）总体目标

为进一步加强上海现代化国际大都市综合竞争力，改善城市生态环境质量，缩短与世界级城市的差距，营造人与自然和谐的生态环境，2004 年，上海市委、市政府决策建设上海辰山植物园，并列入《上海市国民经济和社会发展第十一个五年规划纲要》。

在辰山植物园整体规划中，矿坑花园的定位为：通过生态恢复的景观设计手法来恢复矿山自然生态，构成景色精美、色彩丰富、季相分明的沉床花园。同时，充分展示悠久的矿业文化，为人们提供一个集旅游、科学活动考察和研究于一体的场所，体现人与自然和谐共处，共同发展的主题。岩石和药用植物园定位为：以独特的地理环境和规划理念，把观赏性与科普性、传统植物文化与现代造园艺术作融合，表现"植物与健康"这一建园主题。

（2）分区目标

根据立地条件和功能目标，矿坑花园分为原生植物保育区、镜湖区（平台区）、台地区和深潭区 4 个区域。

1）原生植物保育区：辰山原有山体上植被良好，且已形成以上海松江乡土树种为主的自然生态群落。充分保护好原生植被，形成"原生植物保育区"。

2）镜湖区（平台区）：以现状水杉林为基础，扩大种植，作为与其他花园之间的分区屏障。主入口处设置点景物（表达工业制造的流水石雕），入口后为导入空间（吸引游人向前）和以一个与山崖面曲线轮廓同型的镜面溢水池为中心的主要观景、游览空间。

3）台地区：岩石植物的展示区。对现有土壤改良，因地增植具有观赏价值的树种，通过"山壁－毛石墙－钢百叶－钢板墙－毛石墙－山壁"等的界面处理，加强与整个山体形态的关联，形成独特的景观和游赏体验区。

4）深潭区：矿坑花园的中心，通过半封闭的栈道、钢筒、山洞、裂隙、端头平台等，形成可观亦可游的进入式体验区。

岩石和药用植物园主要分为中药植物区、保健植物区、阴生植物区和岩石植物区4个区域。

1）中药植物区：融合传统中药文化和现代建园理念，植物收集立足于华东植物区系，主要展示原产于我国长江流域的各种中草药植物。

2）保健植物区：分为芳香型保健植物、食用型保健植物和悬钩子属保健植物，增强人们对人与植物关系的理解。

3）阴生植物区：保留原有成片樟林，形成天然阴湿环境，增植耐阴植物，展示静谧而又丰富多彩的林下世界。

4）岩石植物区：模拟石山自然景观，通过戈壁砾石区、花坡区、丘陵草甸景区和墙垣区以及外来植物区等，展示岩石与植物的自然结合。

4.3.3 生态修复主要技术与方法

1. 山体表层固土

（1）岩壁区

辰山山体经长期开采，形成大面积呈垂直状态岩壁。通过在岩壁上自然形成的楔形沟内回填适宜于草种生长的土壤，使岩壁在雨水、阳光等自然条件下自我修复，并由此带动水土保持和生境的重新整合；同时按照国画中皴纹的画理来布置岩石凹凸和走向，从而修整岩壁表面，形成独特种植展示微地形（图4-52）。

图 4-52 岩壁自我修复

（2）岩基平台区

岩基平台部分表面较平整且无层次，岩石存在一定的风化。通过增加固土设施，拓展种植区域，如在岩石上特定部位开凿水平凹槽和覆土，形成种植微地形。

2. 土壤重构

由于施工过程中机械反复碾压、交叉施工等因素，加上基底原为质地黏重的水稻土，使园区在建成后出现土壤压实、积水严重、植物生长不良甚至死亡等现象。因此，根据不同区域的植被类型、土壤现状以及排水问题等实际情况，以"土壤配方改良 + 排水系统优化"的综合技术，构建长效的改良体系。

（1）土壤配方改良

参照上海市地方标准《园林绿化工程种植土壤质量验收规范》DB 31/T 769—2013，针对辰山植物园的土壤结构退化问题，以改良土壤结构、提升肥力等为核心，通过添加黄砂、火山石等细颗粒材料，提高含砂量，调节土壤总孔隙度，提高饱和导水率；以绿化废弃物为主的有机基质，降低土壤容重，有效提高土壤持水能力；施加猪粪、鸡粪等有机肥，促进土壤形成良好的团粒结构，调节土壤水气平衡；土壤结构改良剂则针对水稻土和地表压实引起的板结、积水，增加土壤孔隙度、渗透率等。根据上海市园林科学规划研究院的前期调研，在"7~8 份原土 +2~3 份有机改良材料 +0.5~0.8 份有机肥 + 土壤结构改良剂"通用配方的基础上，根据不同植物类型调整配方比例，综合优化土壤的理化性质。土壤改良实施流程为：翻深去杂—晾晒粉碎—添加改良材料—改良土回填—植被回栽—有机物覆盖。

（2）排水系统优化

通过整合土壤入渗—地下排水—下水管道，从面、线、点上确保土壤水分的自然循环。地势平坦、土壤黏重的区域，在现有明渠的基础上，构建利于植被根系生长的"盲沟 + 盲管 + 碎石排水层 + 雨水口 + 雨水井"排水系统。矿坑花园中，坡度 > 30° 的区域，由于坡度足够依靠重力汇集地表径流，不设置盲沟，但是要定期清扫排水明渠；若存在不耐水湿的植被，需对山坡土壤进行改良，提高土壤孔隙度，并在树穴中增设抽水管。在坡度 < 30° 的平缓区域，每隔 15m 与等高线垂直铺设盲管；在不耐水湿的植被或离盲管较远区域，布置排水盲沟，沟底坡度大于 0.5%，铺设坡度在 0.2%~0.4%。

3. 园区植被恢复

园区植被恢复时，充分利用原有保留乔木，同时配置景观骨架苗木。依据辰山植物园总体规划，确定拟引种的灌木、藤本、多年生草本植物名录。如矿坑花园中有阴生花镜，种植八仙花、牡丹、蒲公英、石蒜、虎耳草等；有珍稀濒危植物景观廊，可种植连舟山新木姜子、何氏红豆树、金缕梅、银鹊树、伯乐树、羊角槭、普陀鹅耳枥等；有传统花镜配置区，可分季节种植郁金香、风信子、银莲花、毛地黄、羽扇豆、大花飞燕草、向日葵等；山道两侧种植西施花、山茱萸、肉花卫矛、茶条枫、白木通、缫丝花、野漆、夏蜡梅、鸡爪枫等。岩石和药用植物园中有岩石植物区，种植龙舌兰、澳洲朱蕉、无花果、湖北十大功劳、南天竹、厚皮香、枸骨、木芙蓉、佘山羊奶子、柽柳、紫珠、圆锥绣球等；保健植物区种植薄荷、迷迭香、薰衣草、鼠尾草、藿香、果香菊、欧芹、香桃木、百里香、荆芥、洋甘菊等；中药植物区种植丹参、细辛、柴胡、牛蒡、射干、夏枯草、益母草、何首乌、乌头、沙参、五味子和接骨草以及倒提壶等；阴生植物区种植箭叶淫羊藿、三枝九叶草、丹参、虾脊兰、浆果苔草、紫金牛、百两金、九头狮子草、万寿竹、油点草、卷丹、天目贝母、九龙盘等。

4. 景观提升

（1）自然景观提升

1）最小干预后工业景观：采取最小干预原则，提高景观质量，即尽量保持其具有石质质感的自然风貌，采用"加减法"设计手段，尽量避免人工痕迹。对于裸露的山体崖壁如深潭北侧，设计者尊重崖壁景观的真实性，没有采取爆破整形或包裹等方式，而增加山瀑（水源部分来自深潭循环供水，部分来自山顶消防水池）（图4-53），使崖壁在雨水、阳光等自然条件下进行自我修复，并成为有巨大高差的空间沟通纽带。山瀑的位置、走向并非设计所画，而是直接从山顶放水，水流跟随岩石的走向，汇集于山体现有的2道凹痕处，创造自然的"清泉石上流"的效果。时间未久，瀑布流经之处已现绿色，展示了自然强大的自愈能力。由原场地要素改造而来的崖壁栈道、"一线天"、隧道等也为突兀的崖壁增加了多样的功能和新的审美视角。对于台地边缘的挡土墙，设计者用锈钢板这种具有工业符号的材料进行包裹，不仅形成有节奏变化和光影韵律的景观秩序，更是对场地历史的表现和纪念。

图 4-53 矿坑花园山瀑 图 4-54 矿坑花园深潭区

2）东方山水意韵：利用现有山水条件，布置瀑布、天堑、栈道、水帘洞等与自然地形密切结合的内容，深化人对自然的体悟。同时利用山体皴纹，使其具有中国山水画的形态与意境。设计模仿中国古代"桃花源"隐入自然的意境，顺序设置钢筒（利用悬崖的危险之势，模仿采石时的爆破之态，以倾倒之态势将游人引入栈道）——栈道（在行走之际观赏采石留下的山石皴纹，耳畔是山瀑的声响）——一线天（从采石残留的卷扬机坡道上开辟而来）这条惊险的游线，逐步降临水面，走上环绕深潭半圈的蜿蜒浮桥（中间的平台可以让游人感受山水交映的美）进入山洞（图 4-54），穿过隧道便来到东矿坑花园——岩石和药用植物园。岩石和药用植物园以其独特地理环境为基础，利用矿坑遗迹地形地貌，依坡造景、傍山叠石、瀑布溪流、石阶石垛，形成具有特色的自然美景。结合新颖的药用园设计理念，将岩石园与药用园有机结合，创造一种新型园林形式。

（2）植物景观提升

矿坑花园结合前期景观规划，并以植物季相变化为灵感，划分为春、夏、秋、冬四园。春园背靠原始水杉及落羽杉混交林，地势较平缓，以望花台为中心俯瞰整个花园，植物以色彩浓艳的一二年生草花为主，艺术图形勾勒于细腻的草坪上，烘托出花园热烈的气氛，在此可观赏到艳丽夺目的芍药、锦带、杜鹃、樱花等开花乔灌木和矮牵牛、花毛莨、飞燕草等地被草花。夏园地势较低，位于园区中心部位，以镜湖为主题，可欣赏到花形奇异的耧斗菜、蛇鞭菊、矢车菊，花色娇美的唐菖蒲、醉鱼草、千鸟花，还有品种多样的八仙花，其中更有国内少见的重瓣八仙花品种。秋园依山而建，将原来山体植被进行保留性恢复，并丰富了植物品种，有姿态优美的挪威槭、叶型奇特的鹅掌楸、叶色鲜红的南天竺，还可看到品种繁多的菊花、一串红、百日草等观花植物。冬园在春园西侧，有罗汉松、北美香柏，以及濒临灭绝的天然珍稀抗癌植物——"垂枝"欧洲红豆杉，配以造景的青石台阶和铁锈钢板，更显其欺霜傲雪的刚毅风骨，同时蜡梅、虎刺梅、仙客来、君子兰等植物也在此处不畏严寒傲然开放。

传统花镜借鉴英国花园的风格，不同景观区域采用不同的表现形式，选择每季节表现力最佳的花卉，将其按不规则板块配置，以细腻而柔和的色调互相调和。相邻植物的色彩、高度、质感相互衬托、渗透，从而形成有强烈辰山特色的亮丽花境。早春以郁金香、风信子、银莲花等球根花卉为主要材料；春季运用色彩丰富、直立挺拔的毛地黄、羽扇豆、大花飞燕草等一、二年生草本及宿根花卉为主要材料；秋季运用向日葵、观赏蔬菜以及多种观赏草来表现不同的季相变化；冬季选用色彩丰富、抗寒性强的角堇品种进行季节过渡，使得矿坑花园四季有花可观。

岩石和药用植物园中的岩石园，背靠采石坑几近垂直的大片石壁，植物、山石与其他造园要素的自然配合是此园的核心内容。山石布置有立有卧、有疏有密、有主有次，石与石之间留有能填入岩生植物生长所需各种土壤的缝隙与间隔，再根据环境条件和景观要求合理地进行植物种植。较大岩石的周围可种植体量较大的小乔木、低矮灌木等，如红枫、南天竹、扶芳藤、阔叶十大功劳、小檗、火棘；在较小岩石周围，阳面可种植喜阳的草本植物，如石蒜、酢浆草、石竹、秋海棠，阴面种植报春花、玉竹；石缝间隙处可种植藤本地被植物，如常春藤、蔓长春、络石，营造自然的野趣和岩生生境。岩石园一个个大小不等、高低错落的岩床，经过精心的植物景观设计后，不仅衬托了岩石的轮廓，而且增强了立体感、丰富了线条和色彩的变化。

（3）人文景观提升

"辰山十景"胜迹早已湮灭百年，其原址何处也无从详细考证，因而只能以写意的方式表达十景。但是也不求全部重现，以免生硬，况其中仙家、古碑等若无确切考证，恢复意义不大。矿坑花园在设计中以现代、抽象的手法选择性再现了辰山十景中的部分景观，为景观增添文化内涵：

1）镜湖晴月

镜湖位于平台中心，采用小当量爆破而成，以此来平衡深潭强烈的负向空间，同时增加各维度景观层次，有效改善了平台区的空旷度。镜湖利

用"倒影原理",借水景倒影周边
自然姿态,使从各个角度都能将
山体完全倒影于湖中,成景正合
"镜湖晴月"之意蕴(图 4-55)。

图 4-55　镜湖

2)甘白山泉与丹井灵源

因辰山十景中本提到两处水
源:园内设计有两处"泉水"。一
处设在秘园中,一处设在镜湖西
端,似为湖水源头,抽象地回应了这两处景致。甘白山泉即为了改造山体
稍显枯燥的立面,倚山而建一个水塔,有效地调整了其节奏,并有泉水从
山中流出,增加生趣;丹井灵源即深潭区的"钢筒",利用悬崖的危险之
势,模仿采石时的爆破之态,以倾倒之态势将游人引入栈道。

3)洞口春云

利用石壁上方穿山而过的山洞设置观景台。观景台在洞口位置为岩石
所遮挡,在下部不可见;山洞的入口设计以百合、石蒜科宿根植物的花境
为造景元素,是对"洞口春云"的重新解读。

4)金沙夕照

"山西麓有一坡,正对天马山,日落时,夕阳斜照,坡沙呈金色。"金
沙夕照景观是揭示"九峰"景观格局的重要景点,设计中予以恢复,在山
体西侧结合由西入口上山道路设一小观景平台,以浅色碎石铺地。

4.4　北京市门头沟妙峰山废弃采石场生态修复

城市生态修复是治理"城市病",保障改善民生的重大举措。北京市门
头沟区地处长安街延长线的西部端点上。妙峰山位于北京市门头沟区 109 国
道旁,坐落于北京市海淀、昌平与门头沟交汇处,自然资源、植物种类十分

丰富，植被覆盖率高，离城区近，交通方便，是北京生物多样性保护的关键地区，也是北京近郊出游圈西部的战略要地。该区域过去一直以低效传统农业种植业和采矿业为经济主导，长期重资源开发，轻生态涵养，过度开采遗留了多处废弃场，使部分山体植被破坏严重，岩体裸露碎石散堆，造成了泥石流隐患和地表水源断流，土壤退化等严重的环境问题，甚至对门头沟乃至北京市区上风上游地带的水资源和整个生态环境构成了威胁。同时，较高海拔的山脉绿化仍以野生杂灌木为主，实际森林或次生林覆盖率很低。几个世纪的煤炭开采、采矿业和盗采砂石造成地下采空区面积扩大，形成采矿塌陷区。地下水资源枯竭，塌陷区地表部分无法用于农业、工业生产活动，生物栖息地被破坏，导致生态环境恶化，生态系统退化，占当地山区面积30%以上的区域为泥石流、山洪易发区，对人民生命安全造成直接威胁。妙峰山采石宕口主要分布在陈家庄、担礼、丁家滩、黄台、陇驾庄、南庄、水峪嘴、桃园、下苇甸、斜河涧等10个村，破坏土地面积304.45hm²。20世纪初开始逐步对采石宕口试行采取覆土、造林整地、栽植乔灌木等措施进行生态修复，到2013年完成3座矿山宕口37.89hm²生态修复，环境质量的各个方面得到比较明显的改善，并促进了门头沟区的社会经济发展（图4-56）。

图 4-56 妙峰山生态修复效果

4.4.1　生态修复条件与原则

1. 规划条件

（1）自然条件

妙峰山镇位于华北平原向蒙古高原过渡地带，属中纬度大陆性季风气候，处在东部湿润区和西部干旱区过渡区，春季干旱多风，夏季炎热多雨，秋季凉爽湿润，冬季寒冷干燥。受地形影响，年平均气温平原地区约 11.7℃，西部山区约 10.2℃；极端最高气温平原地区约 40.2℃，西部山区约 37.6℃；极端最低气温平原地区约 –19.5℃，西部山区约 –22.9℃；年平均日照时数 2470h，年平均无霜期 170~200d。

妙峰山镇水资源由地表水和地下水两部分组成，都是来自天然的大气降水，年均降水量 600~700mm，多集中在 7~8 月份。由于受地形条件的影响，缺少有效的蓄水工程，这些降水径流很快就注入永定河流出境外，地表径流利用率低。地下水资源分为浅层地下水和深层地下水。其中，浅层地下水主要分布在永定河河谷沿岸滩地，埋藏深度一般在 20m 以内；深层地下水主要分布在基岩区，埋藏深一般都在 150~250m 以上，有些地方更深。碎屑岩或者岩浆岩出露区有溢出地面的裂隙水，但出水量不大。

土壤属地带性褐土，根据《全国第二次土壤普查工作土壤分类方案》，分为山地草甸、山地棕壤、褐土 3 大类，8 个亚类，93 个土种。其中，山地棕壤分布在海拔 900m 以上的山地，自然肥力较高。但因坡度较陡，气候凉湿，不宜农垦。褐土分布在海拔 900m 以下，含粗骨性褐土，山地淋溶褐土、普通褐土、碳酸盐褐土和褐土性褐土五个亚类。

境内植被属暖温带落叶阔叶林类型，无原始森林，仅在深山区残存一些天然次生林。一般林地均为灌木林或杂木混交林，特点是种类多，水平、垂直地带性明显，阴坡阳坡有明显差异。在植被类型中森林植被主要分布在中山区，以桦树林、山杨林、辽东栎林、杂木林以及散生侧柏和人工营造的油松林、落叶松林等为主。草本则以白草为主，羊胡子草次之。灌木主要为棒子、胡枝子群落。在低山区，由于人类活动频繁，植被破坏严重。阴坡常见以胡枝子为主的灌木，乔木则以青杠子、大叶白蜡为主，山杏、臭椿次之。草类以大叶草为主，知母、柴胡次之。阳坡一般植被稀疏，盖度不一，土层较薄，水土流失严重，以耐干旱植物为主。人工植被，中山地区以油松、落叶松为主，低山丘陵以刺槐、杨树为主，并有多种果树广为栽培，河川谷地以农作物为主。

（2）经济社会条件

妙峰山镇经济长期以来以农牧业为主。全镇石灰石矿和叶蜡石矿储藏量大、品位高，开采价值大，改革开放后，采矿业得到快速发展，一度成为全镇的主导产业。但随着生态环境保护的要求，所有矿山在2010年全部关闭完毕，使长期依赖于采矿业发展的妙峰山镇面临巨大压力。采矿造成的水土流失、废旧矿山、砂石坑、裸露山体等生态治理任务艰巨，亟须进行生态修复和生态再开发。以旅游业和农业的提升发展打造新的经济增长点，推进产业转型和替代产业培育是全镇直接面对而又必须解决的重要问题。

2. 生态修复指导思想与原则

（1）指导思想

以建设北京市生态屏障为战略目标，人与自然和谐共生、经济和生态环境相互协调，生态修复和经济建设并行发展，统筹城乡发展，为构建景观优美、经济高效、社会和谐的新山区创建良好的生态环境基础。

（2）修复原则

1）局部服从整体原则

服从于全市的战略发展要求，坚持以生态建设为主，为创建良好的社会经济发展的生态环境奠定基础。

2）远近结合原则

生态修复要兼顾近期和远期的发展要求，坚持治理的可持续性，近期生态治理与远期的社会–经济–自然三位一体和谐发展。

3）因地制宜的原则

按照破坏地区的立地条件，科学制定修复方案，以最小的投入发挥最大的效益，将潜在生产力变为现实生产力。

4）以人为本原则

生态修复的终极目的是服务于人类发展，保证社会经济发展的生态安全，协调发展和修复的关系，"点面结合"，坚持按轻重缓急先后修复，保证破坏点和破坏面修复的平衡。

4.4.2 主要技术与方法

妙峰山采石场生态修复，根据立地形态特征，可以分为开采垂面生态修复、开采平台生态修复、开采弃渣生态修复和宕口周边山体生态修复。

1. 开采垂面生态修复

开采面坡度、坡长不一，光岩裸壁、坡度极陡，甚至还有部分反坡，岩面由于爆破作业留有大量裂隙，稳定性差（但是岩性坚硬、深层稳定），并且坡顶上部没有外部来水；开采创面在植被恢复前要采用工程措施进行坡面稳定性处理。

（1）坡脚防护与生态修复

对不稳定的坡脚，在坡脚外侧修建干砌石挡土墙或用生态袋挡土，挡土墙内侧回填客土，局部法整地栽植绿化植物。绿化植物选择一些抗性强的植物，如侧柏、地锦、沙地柏等。攀岩植物首选地锦。地锦喜阴、耐旱、耐寒、耐贫瘠，对土壤及气候适应能力强，栽培管理简单，生长快，短期内就能收到较好的绿化、美化效果，入秋叶色变红，并且其攀缘能力强，成活率高，生长速度快。

（2）坡面排危除险与生态修复

采石宕口坡面坡度陡峭，存在浮石，应清理坡面，排除危险隐患后，依据坡面条件采取不同的技术措施进行植被恢复。

1）客土喷播

对坡度为45°~60°的坡面采取挂网+植被恢复基质喷附技术恢复植被。

首先，进行整理坡面，根据情况进行放坡处理，使其达到挂喷播的要求。如有局部坡面的下洼面太大，用有机客土填实后与山体走势形成一致坡面。其次，在坡面岩体按设计打入锚杆，布设交叉钢丝绳骨架、钢丝网，形成稳固结构体。最后，将植生基材喷附于坡面，并进行养护，形成植被层。

植生基材由有机质、保水剂、黏合剂、土壤改良剂、缓效肥、植物种子等组成，实际施工中先配置成核心基质材料，再根据施工现场可利用土源和施工现场条件，对基质进行二次调配，通过高压喷射系统喷射到岩面。

2）攀缘及岩缝、岩穴点绿化

对坡度陡峭、岩石坚硬光滑、高度不大的坡面，采取基部栽植上攀缘植物（如地锦）与顶部栽植下垂植物（如葛藤、扶芳藤等）；对坡面已经有少量植物侵入的缝隙和开采形成的岩穴，点状种藤本植物或抗逆性强的灌木，通过这些植物的生长覆盖坡面。

（3）坡顶及坡缘设计

采石宕口坡顶上方易在雨季成为汇水面，威胁坡面水土安全，因此在坡顶5m外修建浆砌石截排水沟，防止上方雨水径流冲刷。在坡顶边缘与排水沟之间，采用穴状整地栽植攀缘植物或下垂植物，加快坡面覆盖。

2. 开采平台区生态修复

开采形成的平台无土层，在进行生态植被恢复时必须进行客土覆盖，根据需要，分别采取全面覆土或局部覆土的方法。其中某些地面平整度较差的平台，采取局部（凹部）覆土法，整个平台边缘修建干砌石或生态袋挡墙，保证平台客土不流失。在覆土区栽植乔灌木，形成乔灌相结合的植被。

3. 开采弃渣区生态修复

开采弃渣区生态修复首先对表面渣体实行稳定、防渗等基础处理，然后覆土种植植物。

（1）弃渣坡面平整

采取机械措施对弃渣坡面进行大致平整，降低弃渣坡面的坡度。

（2）坡脚和格宾挡墙

依据弃渣量及坡高、坡长等设计修建一级或多级马道，方便作业和后期管护。在每级马道坡脚修建浆砌石或干砌石挡渣墙。坡面根据坡度、坡高、坡长，可以利用弃渣中石块修建格宾挡墙，构成具有柔性、透水性及整体性的结构，格宾中间覆盖一定土壤后种植植物。

（3）截、排水沟的布置

面积大的渣坡，在坡顶修建截水沟，坡面或坡缘顺坡修建排水沟，防止雨水汇集形成的地表径流冲刷坡面。

（4）坡面植物种植

设置了格宾挡墙的坡度为25°~75°的弃渣坡面，采用生态植被毯进行植被建植。

对坡度较为平缓的弃渣坡，采取局部整地与全面客土相结合的方法，通过选择抗性强的植物种类，实现乔、灌、草相结合的复层混交林。

4. 宕口周边山体生态修复

宕口周边人为破坏的植被稀疏区域，主要为土石坡面，坡面相对稳定，采用容器苗栽植技术进行植被恢复。

5. 植物选择

植物选择根据立地条件和建设目标，分为生态保育区和经济林区，分别选用相应的植物。

生态保育区主要采用针阔叶树种混交、乔木混交、乔灌混交、乔灌草混交的方式进行人工恢复植被，中山地区以油松、落叶松为主；低山丘陵地区以刺槐、杨树为主。

在以种子喷播、植生基材、生态植被毯为主要恢复方式的植物选配中，考虑到植物自身的改良土壤作用，根据不同土壤、气候、边坡的朝向差异，比例有所不同。总原则是速生植物与缓生植物相结合，在确保后期生态效果的前提下加快边坡复绿进度，使生态环境能在人工干预下，逐步向当地自然环境演替。因此在植物种子的配比上，都围绕着如何使日后野生物种占主导的方向设计。植物品种选择紫花苜蓿、二月兰、无芒雀麦、沙打旺、荆条、紫穗槐、胡枝子、黄栌、地锦、扶芳藤等。

在较为干旱且为矿山的项目区以植苗造林为主要恢复方式的植物配置中，土壤比较贫瘠，草种可选择能够增加土壤肥力的豆科植物，成活率高；造林可选择生长速度较快，林分结构稳定，有较大林分蓄积量的植物品种，如连翘、丁香、紫穗槐、胡枝子、荆条、黄栌、刺槐、沙棘、五角枫、火炬树、侧柏、桧柏、油松、辽东栎、国槐、山杨、核桃楸等。

在经济林区植物选配中，为促进当地经济的发展，选择京白梨、香白杏，柿树、核桃、梨树、樱桃、杜仲、银杏等多种经济果树。此外，还有以朵大、瓣厚、含油率高而远近闻名的妙峰山"金顶大玫瑰"等。

4.4.3　生态修复的效果分析

1. 主要造林树种生长状况

妙峰山镇担礼村狗窝采石宕口（原北京博利达化石厂的弃矿区）2004年开始植被恢复工程，基本方法是进行覆土、造林整地、栽植乔灌木，进行抚育管理。根据 2011 年 9 月对其树种生长状况进行调查表明：乔木树种适应性由强至弱依次是黄栌、银杏、油松、火炬、侧柏、桧柏 + 侧柏混交林、杜仲、国槐。其中，黄栌的适应性指数为 0.1422，是所有树种中指数值最大的，说明目前黄栌对环境适应性最好；其次为银杏的适应性指数为0.1050，说明该地区的环境较适应其生长，银杏生长良好；油松与火炬指数值差异较小，对矿山恢复后的环境较适应；侧柏的指数值为 0.0858，在该地区环境下，已表现出了一定程度竞争局面，说明目前侧柏能够适合此环

境；侧柏与桧柏混交林的指数值为 0.0811，说明桧柏与侧柏混交林，在此
环境下树高竞争较剧烈，比较适合其生长；杜仲的指数值为 0.0683，国槐
的指数值为 0.0597，说明杜仲、国槐在此环境下树高生长产生了一定的分
异，高生长已形成强烈的竞争局面，目前对生长环境适应性较差。灌木树
种对环境适应性整体较强，其中，桃树方差值最大，为 0.1226，说明桃树
环境适应性最强；丁香次之，其分差值为 0.1170；连翘较差，其方差值为
0.1076。

2. 植被恢复的水土保持功能

根据对妙峰山龙凤岭采石场生态修复区调查，弃渣场人工恢复植被
覆盖率达 80% 以上，沟面比明显减少，水土流失状况已基本得到控制
（表 4-22）。

妙峰山龙凤岭采石场不同生态修复对水土流失的影响　　　　　　　　　　　　表 4-22

序号	立地类型	沟面比（%）
1	弃渣场	30.03
2	弃渣场	21.67
3	弃渣场	30.62
4	恢复植被的渣场	16.23

4.5　河南焦作北山采石场生态修复

焦作市北山采石场位于市区北部，距市中心 3km，20 世纪 70 年代开始
建采石场，至 1990 年代已有采石场 12 家，是焦作市市政建设主要石材生
产基地，曾为焦作市建设做出了重要贡献。但长期的开采，也使北山南坡

山体被削去了半边，乱石裸露，原来郁郁葱葱的绿山，变成了千疮百孔的荒山。自 1999 年起，焦作市对北山所有采石场进行了关停和转迁，前后分 3 个阶段对采石场进行规划与建设。第一阶段在采石场的主峰立缝山针雕塑，确定该公园的性质为开放性环保型教育基地；第二阶段于 2001 年开始，对采石场主峰采取筑梯田、回填土等措施栽种常绿观赏树，但效果不很理想；2005 年开始第三阶段，实施爆破削坡、框架护坡、锚杆加固、厚层基材挂网喷播绿化及养护等治理工程，对采石场进一步进行景观改造建设，建成一处综合性公园——缝山公园，于 2006 年 4 月正式建成开放。经过整治，昔日满目疮痍的山体变成了亮丽的风景区，如今的缝山公园，已经成为焦作市旅游业的有益补充，它充分发挥矿业遗迹的余热，完善了以云台山世界地质公园为龙头的旅游体系，在焦作旅游的华章中再谱新曲。2010 年 5 月，缝山公园被国土资源部评为国家级矿山公园。

4.5.1　生态修复前状况

1. 自然景观破坏

北山原为焦作市最大的采石场，大规模的开采，使南坡形成西起民主北路，东至瓮涧河，绵延千余米的残破、废弃山坡地，破坏了原有的地貌形态和森林植被，同时，矿渣、采坑占用了大量的土地，成为焦作最大的污染源区。机器的轰鸣声和炸药的爆炸声，伴以四处掉落的碎石、遮天蔽日的灰尘，使治理以前的焦作市区空气质量二级以上的天数不到 20d。

2. 地质灾害隐患

北山因长期不规范的开采，形成的边坡形状极不规则。有的整个坡面不稳；有的坡面上悬挂大块松动危岩；有的边坡下部岩体比较完整稳定，但上部岩体破碎，存在不同程度的安全隐患；有的坡顶采取了工程造林措施进行改造，但大部分边坡中下部基岩裸露，有数个深 3~20m 不等的残坑或废弃凹地。边坡岩体有结构面存在，在地表水的作用下，层间结合力较差，加大了地质安全风险。边坡面高大陡峻，一般均在 20~30m 之间，最大相对高差达到 50m，边坡坡度一般在 50°~75° 之间，为岩块滑移创造了自由空间。根据边坡岩体结构面的方位及组合，同时存在自由临空面，边坡滑移面由倾向临空面一侧的构造结构面组成，不利于边坡岩体的稳定。区内岩石节理、裂隙发育，滑移严重，破碎带多，安全性受到影响。

4.5.2 生态修复主要规划条件与目标

1. 自然地理

焦作市北依太行，南临黄河。北山位于市区北部，属太行山南麓构造剥蚀低山区，总体地势北高南低。山体呈浑圆状，山脊线平滑，山坡较平缓，冲沟发育。土壤为片麻岩、花岗岩、石灰岩、页岩等母质上发育而形成的，是典型的石灰岩矿山。

焦作市属暖温带大陆性季风气候，由于地势倾斜和太行山屏障，多年平均气温达到14.1~14.4℃，最热月平均气温27~28℃，最冷月平均气温-3~1℃，极端最高温43.6℃，极端最低温-19.9℃。多年平均降雨量586.7mm，四季分配不均，一般多集中在7、8月份，山丘区偏多，平原区偏少。日照2200~2400h，无霜期200d左右。

2. 植物资源

焦作市日照充足，冬冷夏热，春暖秋凉，四季分明，雨热同步的气候特点，适合多植物生长，是华北植物区系、西南植物区系、华东植物区系和西北植物区系交汇地，地带性植被以暖温带落叶阔叶林为主，生物资源丰富。其中，太行山区共有维管植物1874种（含变种、亚种），包括蕨类植物25科54属160种，裸子植物5科6属10种，被子植物125科656属1704种，区系起源古老，存在较多的珍稀濒危植物。建城区园林应用植物有346种，其中本地植物305种，外来植物41种；在346种植物中，乔木134种，灌木81种，藤本25种，宿根、球根花卉39种，一两年生花卉40种，水生植物7种，草坪植物20种。常见的常绿乔木有白皮松、侧柏、塔柏、龙柏、油松、雪松、棕榈、大叶女贞等；落叶乔木有香椿、木瓜海棠、杏梅、垂丝海棠、枣树、蝴蝶槐、鸡爪槭、五角枫等；常绿灌木有瓜子黄杨、桂花、大叶黄杨、海桐、花柏、法青、洒金柏、石楠等；落叶灌木有石榴、木槿、紫荆、蜡梅、无花果、丁香、紫薇、红叶小檗等；藤本有扶芳藤、迎春、凌霄、爬山虎、葡萄等；花卉有石竹、韭莲、芍药、牡丹、紫茉莉等；草本有白三叶、天堂草、马蹄金、天鹅绒等；水生植物有荷花、香蒲、水生鸢尾、芦苇等。

3. 经济社会条件

焦作原是资源型城市，有着悠久的煤矿开采历史，中华人民共和国成立以后，焦作被列入全国156个煤矿重点基本建设单位，作为"煤城"闻名于全国。20世纪90年代后，随着煤炭资源的逐渐枯竭，与之相配套的大批企业开工不足，亏损严重，下岗失业人数急剧增加。为摆脱资源型城市矿竭城衰的命运，1999 年，焦作市把发展重点由地下矿产资源开采转向地上旅游资源开发，陆续提出"旅游兴市""工业强市"等发展目标。2008 年 3 月，焦作被列入国家首批资源枯竭型城市。2012 年 12 月，河南省人民政府明确了焦作市中原经济区建设先行先试、示范带动的重要地位和作用。焦作市根据自身发展特点，加强基础设施建设，加强资源节约和环境保护，创新体制，不断加快城市发展转型、产业升级转型和农业发展方式转变。到 2017 年，全市地区生产总值 2342.80 亿元，其中，第一产业增加值 137.33 亿元，第二产业增加值 1394.03 亿元，第三产业增加值 811.43 亿元，人均生产总值达到 65936 元。三次产业结构由上年的 6.4∶59.3∶34.3 变化为 5.9∶59.5∶34.6。全年实现旅游综合收入 386.13 亿元，相当于 GDP 的比重为 16.5%。

4. 生态修复规划

根据场地资源禀赋和城市转型发展要求，规划设残破山体植被恢复区、生态教育区、度假游乐区、休闲商业区 4 大区。

（1）残破山体植被恢复区：恢复自然植被恢复、展示采石场原貌——场地特征文化，形成独特的宕口景观区。

（2）生态教育区：为游人提供广泛且轻松、浪漫的户外空间，包括环状的入口星光广场，原有大坑形成的湖面水体，种植乡土果木的自助果园等。

（3）度假游乐区：为游人提供融体育、娱乐、趣味、休闲于一体，良好、安全、健康的户外活动环境和设施，包括攀岩俱乐部、谷地花园、木屋度假、烧烤露营、露天剧院等。

（4）休闲商业区：以民俗文化街为载体，为游人提供参与性文化休闲活动。两侧分布民族特色建筑，设置手磨豆腐，做合渣，看围炉吊烤，手炒茶叶，参与酿酒、制作绞胎瓷，有博爱竹编、麦草画、韩愈砚、羊剪绒制品、四大怀药等。

4.5.3　生态修复主要技术与方法

1. 地质灾害隐患防治

（1）削坡

对高边坡、大坡度的岩质边坡应采用爆破方式进行削坡、清坡。爆破方法要根据边坡状况和工程地质条件、施工设备和施工技术条件的综合分析结果进行选择：对坡面小于75°的较缓边坡采用一般爆破与预裂爆破相结合的方法；对大于75°的坡面采用深孔爆破与一般爆破相结合的方法；在留坡位置采用预裂爆破法。爆破器材有：铵油或乳化炸药、非电导爆管及配件、非电毫秒雷管、普通导火索、8号火雷管等。各爆破参数及主要技术指标为：炮孔直径36mm，炮孔倾角75°~80°，最小抵抗线1.5m，炮孔深度4.25m，炮孔间距1.8m，炮孔排距1.4m，填塞长度0.8。

（2）清坡

在坡面顶部岩石的稳定位置钻眼，固定地锚拴大绳，施工人员系安全带后，顺大绳下到需要处理危石的上方位置，上方人员用另一根绳把工具送到施工人员手中并确定安全可靠后，进行排石（一般用撬杠把危石排掉，尽量不用爆破施工），危石清除后，施工人员在上方人员配合下顺绳下来。

（3）边坡加固

经过削坡、清坡后，局部地带仍可能存在不稳定的较大危岩体。对此类危岩体采用锚网进行加固。锚杆设计参数为：钻孔孔径$\phi32$~$\phi36$mm，钻孔倾向80°，倾角45°，每孔布设1根$\phi22$mm螺纹钢筋，电焊连接，孔口焊接$\phi32$mm螺杆，锚杆长1500mm左右，钻孔完成后要清洗钻孔，然后才可布设锚杆和灌注。

（4）挡土墙及压脚回填

为防止坡面以上的岩块塌落对坡面的破坏和坡脚堆积碎石的坍塌，清坡前在上、下边坡坡脚线用块石砌筑一道508m×1.50m×1.79m的重力式挡土墙，将削坡、清坡产生的碎石及岩块进行分级处理后在坡脚处回填。回填的石块下大上小，级配适当，上部碎石块径不大于50mm，最上部坡面敷设30mm厚的种植土，以利于后续喷播后草灌植物生长。

（5）马道及排水系统

在边坡高程230m处，修建一条宽度为4m的施工通道；在高程245m处修建一条宽度为2~4m的施工通道。为便于坡面大降雨量的排泄，消除地表径流对坡面的冲刷破坏，在边坡顶部利用已有的排水系统对上部水流进行截流排泄；在边坡上、下马道的内侧采用浆砌碎石修建上、下两条排水沟，用于分流排泄降雨在坡面形成的径流。

2. 植被恢复

完成边坡加固工作后，主边坡以喷播绿化为主。局部弱风化、边坡坡角大于 85° 的边坡采用多功能植生槽的技术工艺方法，同时结合人工点播、扦插、土壤改良、施肥和保水保湿技术以及其他防护、绿化技术方法对岩体边坡进行复绿，形成丰富的植被景观，植被覆盖率超过了 80%，有山桃、杨林、松树、黄刺玫、乔灌木等近 10 万株，草坪 $7 \times 10^4 m^2$。

（1）喷播区植被恢复

采用"高次团粒"系列植被恢复技术中的"连续纤维（TG）"绿化施工法，使用专用设备和专用材料制成具有高次团粒结构的基盘，在喷播时添加植物性连续长纤维，使基盘更加牢固地吸附于坡面上。为此喷播方法设计的专用喷播机设备由 2 个罐体组成，容量为 $5.0 m^3$，水平送液能力为 300~400m，垂直送液能力为 80m，能使具有流动性的泥状基材从喷枪喷出的瞬间与团粒剂混合，发生团粒反应，然后喷播在坡面上，它能瞬间制造吸附性、安定性优异的表土。总体施工顺序与工艺流程为：清理坡面—去除浮石、危岩体—铺设金属网—打设锚固体固定—喷播—完成清理养护，喷播厚度为 5~8cm。喷播使用的植物选择抗性强的乡土植物，包括刺槐、臭椿、油松、紫穗槐、白三叶、高羊茅、野皂角等 10 多种草灌植物，并根据试验确定种子配比，用量保证草本覆盖率在 85% 以上，乔灌木 $\geqslant$ 3~5 株 $/m^2$。

（2）非喷播区植被恢复

非喷播区立地比喷播区好，植被恢复以乡土树种为主，适当选用外来树种。如常绿乔木选择桂花、枇杷树、女贞、龙柏、广玉兰、雪松、石楠等，落叶乔木选用三叶枫、鹅掌楸、重阳木、乌桕、黄山栾树、大叶榉等，小乔木及灌木选用鸡爪槭、南天竹、火炬槭、黄栌、红枫、绣线菊等。水生植物群落的营造以菱白、芦苇、莲、喜旱莲子草、紫萍、浮萍等为基础，适当引入具观赏性和生态功能的香蒲、千屈菜、黄菖蒲、水芹、再力花、石菖蒲、美人蕉等挺水植物，适当增加萍逢草、穗花狐尾藻、苦草等沉水植物。

3. 景观提升

（1）自然景观提升

因地制宜，因势造景，尽量保护和利用原有地形、地貌、地理资源，减少不必要的土方工程，突出生态效益，用传统的园林造园艺术改造残缺山体和遗址，使其形成独特的园林景观（图 4-57）。如将采石留下的一个深坑规划建设成具有窑洞特色的谷底花园，2 个浅坑规划建成两个湖，一个是在星光广场的西侧，供儿童嬉戏，深达 0.5~3m 的"西子湖"，一个是供山涧瀑布循环用水的"东湖"，为整个公园增加了水景和情趣；高达 70 余 m

图 4-57　入口广场喷泉

图 4-58　"缝山针"雕塑

图 4-59　窑洞遗址

图 4-60　采石器械遗址

的残垣断壁因势造景，建成宽 30m 的山涧大瀑布，其气势，其回声，令人心旷神怡。

（2）人文景观提升

①标志性雕塑。在山巅用一个重 10t、高达 20m、最粗直径 80cm 的呈弯月状的不锈钢手术针耸立在山的顶峰（图 4-58），寓意"缝山针"，象征着人们把山体作为有生命的物体，作为人类的朋友，要采用手术的方法来缝合多年来人们采矿对山体的破坏，使其恢复健康的体魄，为人类造福，同时也警示世人一定要保护生态环境。

②运用焦作市地域文化。提炼焦作地域文化，非物质文化遗产等要素，用抽象的景观化手法设计了竹七园、山水园、舞悦园、新韵园、剪纸瞽影园等五座小型景观主题游园。

③合理运用采石宕口遗址。保留局部采石场遗址，在这里不仅有采石场留下的窑洞、残缺断面，更有当时采石用的破碎机等采石机械（图 4-59、图 4-60），使人们了解当时的山体是如何被破坏成现状的。通过了解历史，使人们不忘历史，更加珍惜现在来之不易的生态环境。

4.6 湖北武汉砾山采石场生态修复

砾山采石场位于武汉开发区南部，总面积约 $0.8km^2$，西侧距京珠高速 900m，是武汉西南门户。20 世纪 90 年代起，砾山进驻 10 多家采石场炸山采石，历经 20 余年的开采，对地方经济发展做出了一定贡献，但是采矿活动对生态环境造成极大破坏。2007 年武汉开发区实施"生态优先"发展战略，对砾山采石场停采闭坑，启动一期治理工程，开始整治危岩体，消除不稳定斜坡、潜在的滑坡、崩塌体等地质灾害影响，并进行植被恢复，形成大规模绿地。2013 年，砾山"绿肺"生态修复二期核心工程——龙灵山生态公园启动建设，回填 $6 \times 10^4 m^2$ 矿坑，依据砾山原始地貌修复成自然坡地，建成九曲湾湿地、芝樱花坡及环山绿道等景观。2015 年，启动砾山复绿三期工程，填入 $2 \times 10^6 m^3$ 土方，整理破损山坡 $50.2hm^2$，用挂网、客土喷播等方式植树 5 万多株。经过 10 余年的生态修复治理，砾山成为武汉西南"绿肺"的一片重要的"肺叶"。

4.6.1 生态修复前状况

1. 自然景观破坏

采石活动使砾山山体和植被受到严重破坏，面积相当于上百个足球场的砾山四处岩土裸露，尘土飞扬，还堆有偷倒的工业废料和生活垃圾。由于采石场长期废置，场地开始了次生演替。根据生态修复前的采石场基本现状调查，结果显示场地中存在有构树、苦楝、泡桐等乔木，悬钩子、野蔷薇等灌木，野豌豆、狗尾草等草本。但是总体上植被量极少，水土流失严重。采矿废渣、工业及生活垃圾随山坡大量堆积，降雨时，大量粉细砂及黏土颗粒顺沟而下，造成矿区排洪沟堵塞，致使大量径流排至周边农田和砾山湖，造成湖泊淤积、农田作物掩埋，严重影响了当地居民的生产生活，破坏了周边的整体生态环境。

2. 地质灾害隐患

砾山采石场采用的是人工爆破露天开采，分段式全崩落法。开采活动致使约 1/4 山体断裂，形成了众多不规则的高陡边坡，局部地段坡高达40m，坡度达 65°~85°。矿区东南区为顺层边坡，稳定性较差，边坡坡度大部分＞40°，坡度在 40°~55° 之间的边坡占 8.54%，坡度在 55°~90° 的占2.67%。西南区域为斜交边坡，除局部地段外，稳定性较好，坡度一般在30° 以下；中部及北部为开采后的平台及低洼处，大部分坡度在 0~15% 之间。稳定性较差的边坡，在大风、暴雨等恶劣天气状况下，极易发生山体松动、滑坡、泥石流等灾害。矿区中部形成大面积的采石坑，废渣长期堆积，局部地区已堆成小山，岩土岩体未经充分固结，在外界因素下已发生滑动。矿区存在的明显的地质灾害隐患。

4.6.2 生态修复主要规划条件与目标

1. 自然地理

武汉市地处江汉平原东部，长江中游。季风性气候特点显著，南北气流交换频繁，雨量丰沛，年降水量 1150~1450mm，主要集中在 6~8 月，占全年降雨量的 40% 左右。日照充足，年平均气温 15.8~17.5℃，夏季最高，7 月份高达 28.9℃，其中在 35℃ 以上天数约为 40d，冬季气温最低，1 月平均气温仅 3.5℃。气候变化总体表现出降水略升，气温升高，日照减少，平均相对湿度降低的暖干化趋势。由于地处长江河谷，地势较低，集热容易散热难，加上城市热岛效应和伏旱时负高控制，是中国"三大火炉"之一。

硃山采石场位于武汉市蔡甸区境内，全境地貌是以垄岗为主体的丘陵性湖沼平原，硃山矿区处低丘地区，在开采前硃山主峰周边有六座无名小山相连，各山体高程分别为 142.2m、109.6m、91.0m、94.6m、96.3m、66.6m，山顶浑圆，山体呈近东西向展布。矿区石英砂岩中含少量碎屑岩类裂隙水，仅靠大气降水补给，为弱含水层。矿层底界大体位于环状山脊分水岭部位，而整个矿层则居于环形山脊分水岭内侧，其间的干谷成为地表水及地下水的汇集地，矿区内在低洼地段分布有多处小池塘等地表水体。

2. 植物资源

武汉市植物区系属亚热带常绿阔叶林向亚热带落叶阔叶林过渡地带，偏向于亚热带常绿阔叶林。原生植被破坏后又形成一些次生亚热带灌丛。

据 2004 年的调查结果，共有植物 2040 种，其中常绿乔木 220 种，落叶乔木 248 种，常绿灌木 142 种，落叶灌木 216 种，藤本植物 56 种，蕨类 96 种，苔藓类 80 种，花卉 433 种，草坪和地被 176 种，药用植物 302 种，竹类 54 种。目前城市绿化常用的植物有 100 余种，其中常绿乔木 16 种，落叶乔木 45 种，灌木 98 种，藤本 5 种，竹类 6 种，花卉 111 种，草坪及地被植物 25 种。常见植物种有：松树、柏树、桧树、杉树、池杉、水杉等针叶树，柳树、杨树、橡树、榆树、桑树、枫杨、苦楝、枫香、槭树等落叶阔叶树，竹、樟、枇杷、石楠、女贞、柯、苦槠栲等亚热带常绿阔叶树，白栎、化香树、牛筋树、盐肤木、小构树、杜鹃、栀子等灌丛，乌桕、油桐、油茶、茶、柑橘类、杜仲等亚热带经济树种，桃树、梨树等果树；莲、菱、菰、牛尾藻、黑藻、黄丝草苦草、金鱼藻、芦苇等水生植被。

3. 经济社会条件

武汉是历史文化名城，是中部地区较大的中心城市，具备承东接西、贯通南北的经济地理优势。在国家中部崛起战略背景下，于 2007 年获批确立成为建设资源节约型和环境友好型"两型社会"建设改革试验区。随着近年的发展，又逐步建立起了以武汉为中心，包括黄冈、鄂州、黄石、咸宁、孝感、天门、仙桃和潜江 8 个周边城市所组成的"1+8"城市圈。2016 年 3 月，《长江经济带发展规划纲要》将武汉列为超大城市；12 月，国家发展改革委要求武汉加快建成以全国经济中心、高水平科技创新中心、商贸物流中心和国际交往中心四大功能为支撑的国家中心城市。

4. 生态修复规划

珠山采石场生态修复的核心区——龙灵山生态休闲区总面积 18.9km²，整个园区在原有特色自然资源的基础上规划为"一廊四区"。

"一廊"沿 5.9km 长的主园路展开，它是公园的景观廊道，以自然布局的植物为主贯穿公园东西，展示园内的青山秀水。

四区为生态公园区、矿坑公园区、湿地游览区和候鸟保育区。全园采取以植物造景为主的自然式布局，由葱郁的密林、宽敞的草坪、十里花坡以及弯曲的石径、缓坡的小丘等组成；湿地游览区域以百亩荷塘为核心，亲水平台、水上栈道、观景台、荷塘月色、九曲湾湿地等为主要景观；文化娱乐以儿童游乐、野营攀岩、千亩茶园等景观为主，游客可以披竹笠、挎茶篓、采新茶。

4.6.3 生态修复主要技术与方法

1. 地质灾害隐患防治

根据边坡的地质条件分析，坡度小于 5% 的平缓土地只需略加修整即可，属Ⅰ级；坡度 5%~15% 的缓坡修整为围绕等高线的平行地、平梯田，为Ⅱ级；坡度 15%~30% 的斜坡为Ⅲ级；坡度 30%~40% 的较陡坡适宜性较差，为Ⅳ级；坡度 40%~55% 的陡坡为Ⅴ级；坡度大于 55% 的极陡坡为Ⅵ级，易产生滑坡、泥石流等。

（1）低危险等级边坡地质灾害隐患防治

Ⅰ级、Ⅱ级低危险等级边坡的坡面基础稳定，无大量易松动的碎石砂砾，遇强烈对流天气变化不会产生坡面的松动，但需对角度较大的坡面做放坡处理来实现坡面的稳定。沿不稳定坡面可在竖向每隔一定高度设置马道形成多层坡面平台，其优点有马道为植被在坡面立地生长提供了条件，便于生态护坡的快速形成。坡道减缓了雨水地表径流的冲击力，同时可以组织一定的坡面地表径流作横向排水。

（2）中高危险等级边坡地质灾害隐患防治

Ⅲ–Ⅵ级中高危险等级边坡的坡面，存在稳定性较差的陡立边坡、危岩、破碎斜坡、碎石砂砾等众多可造成地质灾害隐患的因素。针对坡面基础较为稳定，但有较多碎石、砂砾等滑动体，当遇到强烈的对流天气可能会产生泥石流、滑坡等地质灾害的部位，通过人工清理和放坡，可实现坡面的稳定和安全；对体积较大高边坡的中上部进行削方整形，改变高边坡轮廓形状，降低坡高，削方至高程 60m，削方后的坡比为 1∶1.5~1∶0.75，削方土石回填至高程低于 40m 的采石坑中，削方后形成多级平台；在 1、2级马道内侧修建三级护坡绿化挡墙，在滑坡堆体前缘坡角处修建二级防滑挡土墙，在治理区削坡坡脚处修建一条护坡绿化挡土墙，以增加滑动体、边坡体的抗滑力；斜坡上修建排水工程，在马道内侧修筑横向排水沟，从而减少降雨入渗量，减少地表水、裂隙水进入危岩体，预防水压力对危岩冲蚀，提高坡体整体稳定性。截排水沟遵循随坡就势的原则，渠底坡降应保证沟渠不淤，尽可能利用天然坡槽，以降低工程造。

2. 地形塑造

坡度不大但稳定性低的边坡，采用回填的方式来掩盖和稳定坡面坡角。回填物料可以是建筑垃圾，也可以是从山体表面清理出来的不稳定的石块和碎屑。现场清理出来的山体石块碎屑亦可就地堆填，或用作坡度造型。用来回填、堆填、坡度造型的物质要做一定的稳定处理，然后在其表面覆一定量的种植土作为植物生长的立地条件。变废为宝，既有利于断面的稳定，并且也有利于山体绿色植被的恢复。对分布有一定道路和平台的山体，可以减缓地表径流，留住一定的水分供植被利用。在台地上开槽换土种植，以利于乔木生长。已被破坏的山体上局部有些岩体的纹理比较清晰，有一定的断面观赏价值，在保证其稳定无危险的情况下可作局部梳理、保留，在其周围以绿化种植的形式进行柔化和美化，形成一种较为自然的地质表面形态。

3. 土壤重构与植被恢复

（1）土壤重构

碌山采石场岩质石壁坡度大，雨水冲刷坡面难以积存有效土壤。弃渣坡面以碎矿石为主，基质疏松，碎石间空隙较大，保水保肥能力极差，大部分不具备植被赖以生存的土壤及养分条件。因此在进行绿化前先进行覆土处理，采用经过无害处理的城市固体垃圾土，覆土厚度 40~60cm。

（2）植被恢复

废弃渣坡面在植被重建前，先进行固化稳定处理，然后根据坡度情况，分别采用鱼鳞坑穴植或客土喷播技术重建植被。

平台区坡度较缓，采用穴植或鱼鳞坑技术种植地被、灌木及乔木。

坡度＜ 40° 的边坡采用三维网喷混植生法和液压喷播法重建植被。坡度＞ 55° 的边坡岩体裸露且稳定的高陡边坡，可采用燕巢法、鱼鳞穴法、飘台法等方法，穴中填土并种植植物。坡脚坡顶挖种植穴种植。

4. 景观提升

（1）合理搭配植物群落，塑造优美自然意境

利用植物搭配构成功能优美的景观画面，充分体现自然意境，突出景观层次。平面布局上要注意疏密相间、错落有致；立面上要注意天际线的高低起伏；季相上要注意常绿与落叶的比例，注重春花、秋叶的季相搭配；在不同景点要选择不同的植物组合。其中，红白相间的野蔷薇、红黄相间的醉浆草、火红的杜鹃、黄白相的金银花、黄灿灿的迎春、雪白的刺槐花展现春花烂漫的景观。红色系代表植被选用红花继木、杜鹃、鸡冠花；白色系代表植被选用葱兰、野蔷薇；黄色系代表植被选用金银花、凌霄、迎春；紫色系代表植物选用夹竹桃、紫荆，不仅丰富了植物的多样性，也丰

图 4-61 龙灵山生态公园西入口图

图 4-62 十里花坡

图 4-63 九曲湾湿地

图 4-64 森林探险

图 4-65 房车营地

富了景观层次。贴梗海棠、杜鹃、红继木、天竺葵、红枫等配以杜鹃、洒金桃叶珊瑚和树干高直、气势雄伟的枫香、鸡爪槭等，深秋时节能营造出浓烈的红色氛围，形成独特风景。

（2）因山就势，因地成景，创造生态公园景观

整个园区结合矿区的汇水区与水塘，以及原始地形地貌等，通过"森林探险、房车营地"等使人们与大自然亲密接触互动，建成以"十里花坡、九曲湾湿地"等为特色，集休闲、养生、徒步郊游于一体的都市绿色生态公园（图 4-61）。

十里花坡利用原始遗留矿坑地形地貌，在保护原有林带的基础上，通过堆体整形无害化垃圾填埋，垃圾渗滤液的处理技术，采用两级碟管式反渗透工艺，历经长达一年时间的生态修复，形成了自然坡地，并在这基础上种植花卉，营造出大面积泼彩式的花坡，主要花卉品种为芝樱、金鸡菊、波斯菊、地被石竹及野花组合等 20 多种（图 4-62）。

九曲湾湿地对原有湿地内湖泊、淤泥水塘、山体荒坡进行综合整治，修复湿地，并种植水生植物形成良好的生态环境，吸引候鸟迁徙（图 4-63）。

森林探险通过在林间设置并搭建各种难易不同、风格迥异、超强刺激的关卡课程，让参与者体验高空坠落与自由滑翔的快感，感受丛林攀爬与林间穿越的刺激（图 4-64）。

房车营地配备有 9m 营地式房车 12 台，分别代表着 12 星座，一台房车可容纳 4~5 人入住，一辆车、一家人，在森林里安家，在小河边垂钓，伴着虫鸣入眠，林间的小鸟唤醒你美好一天的情景将变为现实（图 4-65）。

4.7　案例小结

　　在公园城市理念指引下的采石宕口生态修复，既需要考虑修复工程的微观价值，弥补采石宕口给城市发展带来的突出短板，也要考虑修复工程对城市发展带来的经济、社会、生态系统价值。新形势下，采石宕口生态修复案例对践行公园城市理念，实现城市生态系统功能提升，保障居民人居环境，促进绿色持续发展，具有十分重要的借鉴意义。

4.7.1　坚持以人民为中心，提高城市安全韧性

　　公园城市理念坚持以人民为中心，将安全作为发展的前提，将发展作为安全的保障。以上典型案例以问题为导向，强化系统思维，牢固树立安全发展理念，统筹好发展和安全两件大事，不断提高城市发展韧性，筑牢夯实高质量发展的安全根基。湖北武汉磤山采石场生态修复消除了危岩体、不稳定斜坡、潜在的滑坡、崩塌体等地质灾害隐患；依据磤山原始地貌修复成自然坡地，建成九曲湾湿地、芝樱花坡及环山绿道等景观，不但使磤山成为武汉西南"绿肺"的一片重要的"肺叶"，还成为集休闲、养生、徒步郊游于一体的都市绿色生态公园，让人们在这里自由自在地与大自然亲密互动，充分体现了"公园城市"以"人民对美好生活的向往"为根本理念，引导城市发展从工业逻辑回归人本逻辑、从生产导向转向生活导向，是新发展理念的城市表达，为新时代城市价值重塑提供了新的路径。

4.7.2　筑牢绿色生态本底，打造良好生态格局

　　公园城市理念与"保护生态环境就是保护生产力，改善生态环境就是发展生产力"理念一脉相承，强调要筑牢城市绿色生态本底，促使城市生态系统健康可持续发展。通过生态修复将改善采石宕口景观单一、风貌不佳和城市整体生态空间的割裂，建成与周边环境相适应的植物群落，提升生态系统整体服务功能，提高生态系统的质量和稳定性。徐州市通过拖龙

山生态修复的成功实施，将拖龙山修复成为徐州新城区和高新区之间规划绿廊的重要组成，成为城市组团间重要的生态防护带，改善了区域的生态小气候，并增强山体的涵养水源、消减洪灾能力，保障了区域生态安全，让城市中最容易忽略、最脆弱的过渡带蝶变为城市绿地，铺就了城市绿色本底，让城市建在公园中，体现了"公园城市"的"人－城－园"有机融合理念。北京市门头沟妙峰山废弃采石场生态修复是从城市整体生态质量改善和格局优化出发，促进弃渣场人工恢复植被覆盖率达 80% 以上，区域沟面比明显减少，水土流失状况基本得到控制，环境质量的各个方面得到比较明显的改善，并推动了门头沟区作为北京"生态涵养区"的建设与发展，充分体现了公园城市"生态文明"和"以人民为中心"的发展理念，用长远的眼光来发展城市生态，具有极其丰富的时代内涵。

4.7.3 优化城市公园体系，提供优质生态产品

公园城市理念倡导良好生态环境是最公平的公共产品和最普惠的民生福祉。通过采石宕口生态修复，让修复后的空间成为居民可亲近之处，享受到生态景观美，能够"望得见山、看得见水、记得住乡愁"，满足居民生活生产需求和实现对美好生活的向往。焦作市北山采石场生态修复坚持以人为本的公园城市理念，坚持人与自然和谐统一的规划设计原则，以自然资源保护、生态恢复为前提，依托利用影视城、缝山风景区的优势，突出因地制宜、自然造景的设计手法，以山地景观为主要自然景观资源，以山水文化、矿石文化为特色，兼容矿山生态保护与恢复、文化展示与弘扬、文化科普与农耕体验为一体，着重"修复、重构"，强调"新和谐"主题，将昔日满目疮痍的山体变成了国家级矿山公园，成为焦作市旅游业的有益补充，完善了以云台山世界地质公园为龙头的旅游体系，进一步提升焦作市的对外开放形象。武汉市硃山采石场生态修复坚持生态优先，保护为主，提升为辅的原则，以展示当地经济社会发展轨迹和休闲娱乐、科普教育为目的，通过环境更新、生态恢复和文化重现等多种手段，对原有湿地湖泊、淤泥水塘、山体荒坡进行综合整治，融采石遗迹景观、自然景观与人文景观于一体，形成良好的生态环境，使该公园成为人们参观采石遗迹、游览自然景观、体味风俗乡情、学习科技知识的休闲基地。

4.7.4 坚持绿色发展理念，全面提升城市品质

公园城市理念强调在生态优先的前提下，协同推进生态系统健康与经济社会持续发展。采石宕口生态修复增强了综合承载能力，为新型产业和生态产业发展奠定基础，提高一体化发展水平。通过生态修复将采石宕口更新为城市生态园林、科普基地、居住用地等功能用地，增加公共活动空间，促进新业态发展，不仅加快生产方式和生活方式绿色转型，而且成为推进城市高质量发展的新动能，形成人与自然和谐共生的现代化。徐州市金龙湖（东珠山）采石宕口生态修复让一座满目疮痍的山体变为一座风景优美的宕口公园，成为徐州东部高铁出口第一颗璀璨的生态明珠，提高了城市品牌。在空间上，金龙湖（东珠山）采石宕口生态修复对城市的发展起到了画龙点睛的作用，将城市里的"园"变成城市的门户，改善了周边的环境，吸引了社会投资，激发了周边区域的经济发展，体现了公园城市的"园－城"融合理念。金龙湖（东珠山）采石宕口在生态修复中也体现了公园城市中的人文情怀，提升了区域生态环境与景观质量，打造出独特山景魅力与人文气质的大地艺术景观，促进了徐州经济开发区"高铁国际商务区"的经济发展。上海辰山采石场生态修复案例诠释了什么是"公园城市理念"引领城市产业发展方式创新，利用一隅"残山枯水"，通过因地制宜地保护和利用现有的场地特征，将原有生态地貌、场地中的后工业元素、辰山文化与植物园的特性等有机整合为一体，成为一个布局精巧、配置合理、景色迷人的特色花园，给市民和游人以高质量的游览体验。以"人民对美好生活的向往"为根本，统筹生产、生活、生态三大布局和空间、规模、产业三大结构，实现了公园城市理念的"人、城、境、业"高度和谐和现代化城市发展高级形态。

第 5 章

探索与展望

采石宕口是由开山采石后形成的岩石斜坡、悬崖、台地、采矿坑、废石堆放场及排土场等地形所组成，且大部分岩石斜坡未形成规则的阶梯状开采面，坡度一般在 40°~90°，甚至存在反倾石壁，岩石斜坡表面遍布着开采留下的不规则凹陷和缝隙，不仅极大地改变了原有的山地外貌和景观特征，也使其生态环境特征发生了根本性改变。由于采石宕口缺少表土和植被覆盖，一方面，岩石斜坡的温差增大等促进了岩石的风化，部分坡面的石头风化程度高，形成碎石坡面，甚至呈现出不断的山崩和岩崩，地质安全风险增加。另一方面，表面径流增强，无保水能力，植被及植物繁殖体全部丢失，且岩石斜坡极低的植物养分可利用性与干旱的相互作用，极大地限制了植物的生长，植被的自然恢复过程极其缓慢，往往要花费几十年到一个世纪以上，短期无法改善环境。因此，人工修复被广泛应用于采石宕口的生态和景观重建，迄今，国内外众多研究者在恢复策略、工程措施、群落演替、土壤改良、植物物种等方面开展了众多的研究，主要有两大学派：一是以西方恢复生态学为核心思想的生态恢复学派，一是以风景园林规划设计为主体的景观设计学派。前者强调自然恢复过程中的相关理论与技术的研究和描述，后者强调景观要素、视觉与空间形态要素、行为与文化要素等的分析和描述。

公园城市导向下的采石宕口生态修复的目标是为了服务城市居民，最终实现城市生态与经济社会两大系统的统筹协调，它不是简单地改变自然环境，而是把绿水青山真正变成金山银山。与目标单一的"恢复自然生态系统"不同，它是恢复生态学与社会、经济等多学科交叉，随着"城市双修"工作在全国各地广泛地开展。积极推进公园城市导向下的采石宕口生态修复，使采石宕口生态修复的目标和技术从简单的植被恢复向多元化的利用模式转换十分必要。

5.1 完善法规政策体系，提升生态修复管理水平

采石宕口的生态修复治理，首先需要健全的生态修复治理法规政策，然后严格按照法规政策要求，减少甚至杜绝人为扰动对矿山废弃地的影响。我国各地对采石宕口的生态修复治理十分重视，但针对治理方面制定的法规政策有的尚不完善，有的执行力度有待加强。虽然采石宕口的治理纳入城市总体规划，采取"谁开发、谁治理"的原则，但执行细化方面有欠缺，管理措施的落实不到位。

德国在矿山治理方面起步早，法规完善。德国政府完善的法律体系保证了资源开采补偿和生态环境的恢复治理。对于采矿废弃地环境治理的主要做法，一是由政府组织负责对废弃地进行环境治理，从长远的角度制定环境整治计划，逐步落实。二是设立从联邦政府到州市直至乡镇的矿山环境治理管理机构。对于采矿企业提出的矿区的恢复治理计划，需要由采矿所在地的地方长官会同环保专家、财务专家、采矿企业的相关负责人以及其他政府部门的技术人员对计划进行审核，并根据群众意见进行适当修改，最后由政府批准。在具体执法方面，政府每年都会派出专项组到矿区对《联邦矿山法》的实际执行情况进行监督检查。三是建立环境治理专项基金体系。根据《联邦矿山法》的规定，对于立法前的历史遗留下来的老矿区，由政府成立矿山复垦公司专门从事矿区的生态恢复和补偿，所需资金由政府全额拨款，其中联邦政府承担75%，州政府承担25%。对于立法后出现的生态破坏问题，则由开发者对矿区开发造成的生态损害进行补偿以及负责治理。四是严格的矿山开采项目的审批要求。在矿山开采项目报批时，要有一个完整的开采规划，开采环境影响评价报告和采后的矿区复垦计划。在开采过程中，要异地绿化与矿区同等面积的绿地作为补偿并且要预留一定比例的环境专项治理基金。政府每年派人来督促检查，确保落实矿区开采结束后，必须将矿区复垦为人工湖或土地并由矿区自行管理100年。政府要求矿区自行经营7年后予以验收，不合格者须按照环境相关法律给予处罚。

我国目前的矿山地质环境生态修复的具体法律制度，一是在方案编制

审批制度方面，规定新建和已投产的矿山企业应编制矿山地质环境保护与治理恢复方案，并报送国土资源行政主管部门批准，未经审批或审批不合格的，不予颁发采矿许可证的制度。二是在环境影响评价制度方面，规定采矿权申请人申请办理采矿许可证时，应当向登记管理机关提交的资料就包括矿产资源开发利用方案和开采矿产资源的环境影响评价报告书。三是"三同时制度"，规定对环境资源有影响的建设项目，其环境保护设施必须与主体工程同时设计、同时施工、同时投产使用。四是土地复垦制度，规定对生产建设活动和自然灾害损毁的土地，采取整治措施，使其达到可供利用状态的活动。五是保证金制度，规定采矿权人在取得采矿许可证前，必须以一定数量的资金、资产作为地质环境恢复保证金，存放在有关的管理机关，以确保采矿权人自觉履行矿山地质环境恢复工作。

在实际执行中，一些地方则偏重于在采石活动完成后的"事后"生态修复，属于被动的修复。这种被动的修复，不利于城市的可持续发展，不重视生态修复质量，重建设轻管理，容易成为表面文章。因此，在采石宕口生态修复的政策方面，可以系统借鉴西方发达国家在矿山开采法规政策方面的规定，生产企业必须对其造成的环境破坏、环境污染等进行综合治理，而且是终身负责制，只有在企业破产后，才由政府负责。在提交矿山申请开采时，必须提供土地复垦、生态修复的方案，生态修复贯穿于采石活动的"事前、事中、事后"的每一个环节。用完善的相关法律政策，约束不良开发行为，实行责任制，在明确开发者的生产权同时规定其生产后治理义务。

5.2 加强顶层规划设计，促进多目标多要素协同

采石宕口生态修复应坚持规划先行，在规划阶段将公园城市理念融入生态修复的整个过程中。规划包括政策层面的城市总体规划、专项生态修复的大规划与设计层面的小规划两个方面。政策层面的规划指导设计层面

的规划。政策层面的规划是对本行政区域空间生态保护和修复做出具体安排，有约束性，权威性，系统性、长期性、强化可操作性。从国内外城市采矿废弃地的生态修复实践的经验中，可以发现不少成功案例之所以具有较高的国际认可度并发展到一定规模，得益于生态修复阶段在宏观层面的规划控制。规划的实现目标涉及城市的用地结构布局、土地配置、城市生态空间体系、矿产资源的再利用、城市的经济社会发展计划等诸多方面。在开发前进行相关生态规划，使环境破坏降到最低，而非先破坏后治理。规划先行的开发途径不仅能有效地降低生产带来的环境污染和生态破坏，还能大量节约时间和成本，便于治理和恢复。

将生态修复纳入采矿活动的一部分，但并不是恢复到开采前的状态，而是在公园城市理念指引下，建设为规划目标要求的状态。对于采石宕口的生态修复要进行统一的环境设计功能规划。依据城市总体规划，在城市的近中郊范围内，选择类型适宜的废弃采石宕口地建设矿山遗址公园、环保科普公园、生态示范公园、小游园等多种类型的生态景观绿地，不仅可以对废弃采石宕口重新赋予活力和文化内涵，同时也是对城市景观绿地体系的有益补充。详细规划应尊重宕口地域文脉，强化场地特质，因地制宜，进行合理的空间布局，创造独特的采石宕口景观，营造成生境和谐、人文与自然相融、寓教于乐等功能的场所。

随着城市扩张或旅游开发，许多废弃采石宕口纳入城区或旅游风景区范围，这种类型可以结合周边自然、人文特点以及新城建设规划，根据采掘面和宕口的地形地貌特征，进行山景、水景、人文景观的再造，可以规划建设为采石宕口矿山遗址公园，为城市居民创造新的旅游观光和休憩娱乐场所。

对于采石宕口若有典型地层岩性、地质构造、化石或古生物活动等特殊价值的遗迹不可再生的地质遗产，这种类型可结合其地学研究价值和科普意义，规划建设为地质公园，成为地质科学研究与科普教育的基地。

对主要交通干线两侧可视区的采石宕口，平整复垦耕地获得的土地资源量极为有限，可供经济开发的场地不大，无法拓宽新的资源，但裸露的采石宕口有碍观瞻。这种类型可修复自然生态环境，可以规划建设为生态环境保护公园，艺术化地在裸露的山体和采坑岩壁上进行新植物品种、新种植方式等创新性的覆绿，以恢复其良好的生态环境景观，更能尊重自然、显露自然，增加地域影响力。

5.3 加大科技创新力度，丰富生态修复实现路径

针对采石宕口地貌特殊、生态修复难度极大、修复目标多样等特点，为保障采石宕口生态修复工程质量和技术水平，发挥在公园城市建设中的作用，需要有力的技术体系支撑。目前国内相关的采石宕口生态修复的基础理论与工程技术相互融合还不够，技术标准体系不健全，缺乏在地化的创新技术，需要从以下几个方面进一步深入研究，提升采石宕口生态修复技术水平。

5.3.1 宕口生态修复的坡面稳定技术

公园城市导向的采石宕口生态修复工程中，地质安全除险以保障人民生命安全为前提。边坡稳定性经过百年研究，已经形成大量研究成果，但是有些问题仍未得到妥善解决。不仅由于每个工程的地质条件和周围环境都存在一定的差异，在研究时应考虑出现类似但又不同的影响因素。而且与一般的工程边坡相比，采石宕口形成的边坡有其独特的不稳定性特点。随着生态边坡领域的研究深度和涉及范围扩大，采石宕口生态边坡稳定技术需要进一步深入研究。

首先，软岩边坡岩体在干湿循环、内外荷载、冷热交替等复杂环境作用下易发生由表及里的膨胀崩解，诱发边坡变形丧失整体结构性直至失稳破坏。目前关于软岩在湿－热－力环境下的崩解特性与机理的研究多从常规崩解试验以及细观结构观察试验开展，在分析方面较多采用分形理论获取不同崩解条件、崩解次数下的崩解粒径和细观形貌的分形维数，从而得到软岩的崩解规律与机理，所取得的成果中所选用的软岩类型不一，部分成果没有明确给出软岩的成因与矿物组成。因此，在今后研究中必须首先明确软岩的地质成因与成分组成，并定量揭示不同外因的影响程度。由于软岩在湿－热－力影响下的强度和变形性能是影响边坡稳定性的主要因素，当前大量成果集中于软岩单轴抗压强度、抗剪强度以及弹性模量的研究。现有主流研究手段是开展单一因素作用下的单

轴强度、剪切强度以及模量测试试验，并将测试结果通过多种公式进行拟合，获取强度与变形参数的预估方程。但受试验设备影响，只实现单因素影响试验，很难对耦合过程的参数进行测试，因而亟须开展多因素耦合试验设备的设计研发，从而真正测试多因素耦合作用下的软岩强度。另一方面，现有软岩边坡稳定性分析方法大多基于室内模型试验，但在试验过程中，受采样扰动等影响，仍然存在难以控制试验初始条件，并且难以准确控制影响因素的情况。数值模拟技术可以在很大程度上解决上述问题，在初始条件和边界条件的施加方面实现理想化控制，但仍需解决边坡数值计算模型的参数准确赋值问题。在揭示软岩崩解机理方面，应对软岩类型进行细分并定量分析不同因素在崩解过程中所占的权重；在探索强度劣化规律方面，应考虑提高测试精度，减少初始条件难以人为控制所造成的离散性影响；在开展试验与数值模拟方面需要实现多因素的初始状态与变化路径可控。

其次，降雨期间雨水渗入坡体，渗流场和应力场进行改变，土体饱和度增大，基质吸力降低，抗剪强度降低，当渗流量达到一定程度时，可能引起边坡失稳破坏。降雨是诱发边坡失稳的重要因素。研究降雨入渗机理及其入渗深度对于地质灾害防治具有重要的指导意义。降雨入渗会导致土体中的固-液-气三相变化，是非线性的且与时间有关的变化。因此，现有的降雨入渗对坡体稳定性的影响研究内容依旧匮乏，准确分析模拟降雨入渗对坡体稳定性的影响还需进一步在多场耦合分析中深入研究。

最后，加强生态系统与边坡稳定性关系的研究。生态修复后的生态坡面是一个复杂的生态系统，该系统由土、植物、碳、真菌、细菌等组成，系统内的生物之间存在着复杂的食物链。尤其是微生物，其对植物成长、土壤性质、根系水力、大气-土体-植被系统、坡面的抗冲刷等方面的作用及影响均有待探讨。因此，要进一步深化边坡类型的研究，对护坡植物的选择必须趋于个性化和系统化。在就地取材的同时，注重护坡植被的群落配置及演替规律，关注生态边坡的长期稳定性和可持续发展是今后一个时期的发展趋势。研究时既要符合工程实际、又要满足工程的需要。要多学科交叉融合，利用计算机技术使结果更加接近于实际，更加精确。要积极发展复合方法，使多种分析方法相结合，取长补短，发挥各种方法的优势。例如，将模糊聚类和粒子群与模糊聚类混合算法应用在一起，可以有效地提高区间预报精确度。在解决实际工程中的复杂问题时，可以将定量分析与定性分析相结合，确定与不确定分析相结合。从力学机理、数学模型以及智能评价等多方面考虑，深化边坡稳定性的模拟计算。

5.3.2 宕口生态修复基材与土壤改良技术

采石宕口的立地条件恶劣，缺少表土，干旱贫瘠，温度变化剧烈。因此实施采石宕口生态修复，一方面需要提高岩质坡面的保水性能并增加养分供应，另一方面需要选择水分和养分利用效率高的物种。基材的使用和土壤改良是实施采石宕口生态修复的物质基础，寻找经济可行，生态环保的基质，对于不同地区采石宕口的生态修复有重要意义。有机添加物能够在短期内促进植物的生长，而植物生长是个长期的过程，因此，研究长期有效的有机添加物，对于植被恢复尤为重要。要结合当地的气候、水文，土壤质地，植被的种群组成情况，加强开发新型基材，降低成本，如利用厩肥、堆肥代替有机肥、泥炭土等使用；开发新型保水保肥抗蚀材料，提高保水保肥性，如利用保水剂增强保水性能，抗蚀能力。基于合理的采石宕口绿化基材管理和人工土壤质量改良，是实现公园城市导向的采石宕口生态修复的重要前提。要加强采石宕口生态修复过程中绿化基材和土壤质量演变规律及其机制等关键科学问题研究，建立宕口土壤和植物主要指标参数的变化特征定位监测站点，发展土壤生态调控技术，从而为应对采石宕口生态系统长期正向发展提供科技支撑。

5.3.3 宕口水土保持与植被生态防护技术

有效防止水土流失是维持采石宕口生态修复长期效果的核心技术问题。植物根系固土护坡是涉及岩土工程、力学、生物学、植物学、土壤学等多学科于一体的综合的交叉学科，因此对植物根系固土护坡理论的研究应注重多学科交叉渗透，以便更全面更透彻地揭示根系的固土护坡机理。目前，根系固土护坡的研究在近十年来得到了最迅速的发展，根系固土理论的深度和广度都得到了极大深化。但由于根系埋于土体中，生长受到各种环境因素的影响，随时间和空间不断发展，观察和测试都较困难，受到一定的制约作用。而单根的几何特征、力学特征上的不同也使真实的土体受力过程中，整个根系统的力学反映和失败机理更为复杂和多变。因此，根系固土理论研究还有待于进一步深入。第一，根系形态对植被护坡起着直接的作用，其形态受植物品种的限制，同时还受到气候条件、土壤条件及边坡形态的影响，是一个复杂动态的系统。应对根系形态进行深入研究，探索合理可行的量化根分布、根几何特征（如根长、根弯曲性、分支特征等）的方法，研究反映根形态分布的模型的构建，同时对地卜根系形态的观察方法也有待于创新。第二，继续加强根对土增强机理的研究，进一步完善根系增强土的力学模型，对根的增强作用进行量化研究。采用宏细观相结合的方式，深入研究根系从渐进激活到突然破坏整个增强的演化过程，探索根束的失败机理及其与浅层滑坡触发机制间的相互联系，揭示根系对浅层滑坡的阻碍机理。第三，单根、根束拔出的力学行为直接关系根对土增强的量化评价，要加强对根系拔出行为的量化研究，系统量化根的几何外形、土类型、土含水量等因素对根系拔出力学行为的影响。第四，深入研究根对土界面的摩擦作用，分析土粒与根系之间黏聚力、摩擦力的形成机理及表达形式，研究根几何特征（如根弯曲、分支）、土类型、土含水量等因素对根土界面摩擦作用的影响，进一步加强对根土间摩擦作用量化的研究。第五，在深入研究根固土机理的基础上，构建根土复合"土体"的本构模型，应用数值模拟的方法研究含根边坡的稳定性，探索根的增强效应与树间距等参数间的相互关联性，解决优化种植、合理确定造林密度等问题，具有重要的实际应用意义。

5.3.4 自适应复合植物群落构建技术

自然是最好的老师。在同一自然气候区内的植物自然演替模式往往为采石宕口恢复重建提供了有用的模板，研究乡土物种的功能特性，模拟具有一定功能的乡土物种的种子雨或种子库组成对采石宕口生态修复具有重要意义。对自然演替和人为重建的比较研究能进一步了解采石宕口的恢复过程，这些内容有待于在今后的研究中取得进展。大多数采石宕口种植植物后，植物生物多样性、组成和结构产生变化，开展岩石斜坡上植物生理学、生态学的长期生长研究具有重要的应用价值。

目前，对植被演替过程中的生态系统结构、功能和动态研究规模小，缺乏长期的定位研究，植物种间的竞争关系和化感作用尚不清楚，缺乏对植被演替的模拟和预测恢复效果的研究，对植被恢复过程中产生的土壤微生物群落和酶的变化研究不足。不断深化这些研究，并与应用实践进一步融合，是公园城市目标导向下采石宕口生态修复的重要内容，其发展趋势主要有以下几个方面：

一是在重视边坡稳定与维护功能的同时，越来越强调植被护坡的生态环境效益与景观改善功能，综合考虑藤、草、灌、乔、花等多种植物，形成既具有护坡功能，又具有优美和谐美学价值的坡面生态景观。

二是进一步加强植被护坡与工程措施的结合，并努力寻求在创造植被生存环境的过程中，尽量减少人工雕刻的痕迹，即未来的植被护坡将更加重视提高生物措施的技术水平以减少对工程措施的依赖。例如，研究出一种植物生长基质，使之既能牢固附着于岩体表面，又能满足植物生长，同时便于施工，这是植物护坡需要进一步研究的课题之一。

三是进一步加强选择适应于植被护坡的植物品种与品种组合，特别是乡土植物品种，对其进行适应性培育与品种改良。

四是进一步加强植被护坡的理论研究，这方面的工作主要包括植被根系与边坡表层相互作用关系的研究，边坡植被的演替研究，植被护坡的生态环境效益研究等，不断充实植被护坡的理论基础，使其更好地服务于植被护坡的应用。五是加强植被护坡的标准化与规范化研究。

在公园城市导向下的采石宕口生态修复中，藤本植物的开发利用有必要得到进一步的加强。首先，要深入开展藤本植物种质资源的调查及保护研究，努力挖掘我国现有藤本植物资源，建立区域性种质资源库，以实现藤本植物资源的可持续发展。其次，要加强藤本植物栽培繁殖技术的研究。在对藤本植物资源调查的基础上，对藤本植物生长的环境及影响其生物竞争力的主导因子进行研究；逐步加大对藤本植物生长型、生态适应性、行为生态学及抗逆性的研究，明确藤本植物的行为方式和生态适应性，便于更好地应用于城市园林和荒山绿化，为城市绿化建设和植被恢复与生态修复中的景观植物多样性和植物生态配置提供理论依据和技术支持。第三，在注重传统育种方法的同时，开展生物分子育种的研究。通过加强野生藤本植物引种、驯化和扩繁研究，建立藤本植物良种汇集区和繁育基地，培育新品种和形成藤本植物规模化生产配套技术，不仅为采石宕口生态修复，也可为在干旱瘠薄山地荒山绿化、公路边坡绿化、城市园林绿化等方面提供充足的苗木资源，实现生态功能与景观功能、经济价值的结合，从而实现资源的可持续利用。

5.3.5 宕口生态修复效果评价技术

目前采石宕口生态修复（包括边坡生态重建等）生态效果评价存在以下几个方面的问题：一是缺少定量评价数据。现有的评价数据大多简单粗放，依靠目视判读或者以专家打分的方式进行定性描述或粗略判断，评价结果受个人主观感受影响大，缺乏客观准确、科学规范的量化标准和评价数据。二是缺少信息技术支撑。评价工作大多停留在传统的田野调查、定点观测和实证分析的阶段，而缺乏技术方法上的创新与突破，即评价调查方法较为单一，缺少现代信息技术的应用与支撑，效率低下。三是缺少持续追踪监测。在时间尺度上研究大多局限于关注工程实施前后短期内的对比，而缺少对边坡植被的变化过程进行长期监测和动态评价。四是缺少工程实践互馈。

针对上述问题，采石宕口生态修复效果评价的发展方向，一是要实现数据定量化。在评估指标的选取上，应该尽量选用在实际调查中具有可操作性与代表性的指标，即通过调查分析确定易于获得、易于量化且能够直观反映边坡植被状况的指标。改变以往主要依托定性描述的植被评价模式，利用监测数据和多元指标体系建立定量评价模型，有效提高评价结果的客观性和准确性。二是技术现代化。综合利用无人机摄影测量、3S 技术、三维立体监测等现代信息技术进行边坡植被调查与分析，可以实现短时间内快速有效获取边坡植被信息，简化原先繁重的外业工作，进一步拓展评价思维、优化评价方法。但值得强调的是，各种植被调查方式并不是互相冲突的，地表实测、卫星遥感、高清监控、无人机航测等多源数据的获取能够起到互相补充与印证的作用，进一步提升调查效率及结果的准确性。三是监测长效化。对边坡植被修复进行全过程动态监测与长效评估，及时发现工程中出现的问题，修正计划中不合理的部分，对生态护坡技术的后续发展和优化具有重要的决策支持和指导意义。未来，基于大数据的应用，以大量以往边坡评估结果作为参考依据，根据影像直接判别采石宕口生态修复（包括边坡生态重建等）状态是值得探讨的重要课题，这种评价方式可以进一步促进生态边坡的动态监测和长效发展。四是工程应用化。在对边坡植被恢复进程进行多时序动态监测与评价后，应及时根据实时评价结果，指导后续监管方案的制定和监管时机的选择，对于评价过程中发现的新问题与新情况也可及时、快速、适当地调整措施，确保植物演替向目标植物群落方向发展。同时，植被恢复状况的评价结果可以用于评估当前工程技术措施在特定区域的适用性，为同类采石宕口生态修复（包括边坡生态重建等）工程提供安全防护、土壤重构、植物种子配比等方面的参考。

5.3.6　宕口生态修复"四新"等新技术运用

探索人工智能化在施工中的应用。在地质隐患防治、地形重塑、有毒土壤重构等人工繁重高危阶段，如装模板、砌墙、陡立宕口及高边坡坡面的喷涂、焊接钢筋、降解消除有毒成分等工作，采用智能化操作，人工智能接替作业工人，可消除施工作业安全风险，建设出质量可靠、高效的宕口防护工程，工人的双手可得到极大解放，工地的"零伤亡"不再是梦。

探索新材料、新技术、新工艺及新构件"四新技术"在施工中的应用。如采石宕口的建造材料主要采用砖石、混凝土、钢筋、竹木等，可以探索绿色无废的新材料模块化的施工工艺在生态修复过程中的应用。模块化的新施工工艺和常规施工若使用相同的材料，按照与传统设施相同的规范和标准进行设计，不但可加快工程进度节省时间，也可降低工程成本。模块化建造允许工业化装配与现场准备同时进行，因此可以大大缩短建造时间（通常在场地准备好的时候如地基平整、管道铺设、混凝土浇筑等完成，工厂建造的模块就可以放置了）。采用模块化的施工，既可以提高工人的安全性（工人在安全、可控的环境中施工，而不是在不稳定的高空或不太可控的环境中施工），又可以提高工作效率，即增加进度的确定性。通过模块化施工，延迟变更和天气延误的机会被大大减少，所以也会提高工程建设成本的可预测性、准确性。

采石宕口的生态环境好坏关乎当地居民的生活质量，生态系统的修复重建也切实影响着当地居民的健康。所以生态修复活动不能仅限于政府和组织行为，可以提倡引导公众力量多方参与，积极发挥公民的能动性，共同治理和维护共同的家园。宕口生态修复的研究方面仍然面临着许多难题，只有继续深入研究，不断积极探索，积累经验，才能够在采石宕口生态修复领域有创新、有突破，在公园城市建设中发挥大的作用。

参考文献

[1] 成都市公园城市建设领导小组.公园城市——城市建设新模式的理论探索 [M].成都：四川人民出版社，2019.

[2] 金云峰，杜伊."公园城市"：生态价值与人文关怀并存 [J].城乡规划，2019，（1）：21–22.

[3] 郭川辉，傅红.从公园规划到成都公园城市规划初探 [J].现代园艺，2019，（11）：100–102.

[4] 徐强.中国石材资源开发利用中的问题与对策 [J].资源开发与市场，1994，（1）：15–16，22.

[5] 甘露.石材矿山开采现状及建议 [J].石材，2015，（11）：3–5.

[6] 廖原时.中国石材矿山开发现状与国际先进水平的差距（一）[J].石材，2011，（9）：14–18.

[7] 邓杰.石材矿山地下开采工艺研究 [D].绵阳：西南科技大学，2017.

[8] 艾耕.几种石材开采新方法 [J].石材，1988，（11）：9–10.

[9] 廖原时.石材开采工艺技术在硬质石材矿山的应用 [J].石材，2017，（10）：12–21，61.

[10] 廖原时.石材开采工艺技术在软质石材矿山的应用 [J].石材，2017，（09）：9–16.

[11] 章振国，洪尚群，陈猷，等.采石场、挖沙场环境问题与防治对策 [J]中国环境管理，2000，（6）：24–26.

[12] 周连碧，王琼，等.矿山废弃地生态修复研究与实践 [M].北京：中国环境科学出版社，2010.

[13] ANN KOMARAA.Concrete and the Engineered Picturesque the des Buttes Chaumont（Paris，1867）[J]. Journal of Architectural Education. 2004, 58（1）: 5–12.

[14] 王琳琳.废弃采石场植被恢复设计标准与景观研究——以蜈蚣岙采石场边坡治理及复绿工程为例 [D].南京：南京农业大学，2012.

[15] 李显利.浙江地区采石遗迹景观修复与利用——以羊山石城景区为例 [D].杭州：浙江大学，2015.

[16] 陈波，包志毅.国外采石场的生态和景观恢复 [J].水土保持学报，2003，17（5）：71–73.

[17] 束文圣，蓝崇钮，黄铭洪，等.采石场废弃地的早期植被与土壤种子库 [J].生态学报.2003，23（7）：1305–1312.

[18] 袁剑刚，周先叶，陈彦，等.采石场悬崖生态系统自然演替初期土壤和植被特征 [J].生态学报，2005，25（6）：1517–1522.

[19] 陆志敏，吴鹏敏，汤社平，等.废弃采石场绿化树种选择及其配套技术研究 [J].浙江林业科技，2006，26（3）：59–65.

[20] 罗松，郑天媛.采石场遗留石质开采面阶梯整形覆土绿化方法研究 [J].中国水土保持，2001，（2）：36–37.

[21] 杨冰冰，夏汉平，黄娟等.采石场石壁生态恢复研究进展 [J].生态学杂志，2005，24（2）：181–186.

[22] 吴顺川.边坡工程 [M].北京：冶金工业出版社，2017.

[23] 徐国钢，赖庆旺.中国工程边坡生态修复技术与实践 [M].北京：中国农业科学技术出版社，2016.

[24] 沈烈风.破损山体生态修复工程 [M].北京：中国林业出版社，2017.

[25] 高小虎.植生基材在喷射技术中的应用研究 [D].北京：北京林业大学，2008.

[26] 胡德熙.植被混凝土 [J].建筑知识，1997，

（10）：39-40.

[27] 李娜，赵宇，李凯，等．人工湖泊微生物灌浆的新型生态防渗技术研究 [J]．水利与建筑工程学报，2018，（2）：226-231.

[28] 赵方莹，徐邦敬，周连兄，等．采石边坡生态修复技术组合模式研究 [J]．中国水土保持，2006，（5）：24-26.

[29] 曹树刚，等．特大城市周边采石废弃地的生态恢复与土地再利用探讨 [J]．中国矿业，2007，12（6）：27-29.

[30] 章恒江，章梦涛，付奇峰．岩质坡面喷混快速绿化新技术 [J]．国外公路 .2000，20（5）：30-32.

[31] 黄敬军．江苏省露采矿山环境保护（整治）模式及其适宜性评价 [J]．中国地质灾害与防治学报，2003，14（4）：62-66.

[32] 陆子锋．深圳市裸露山体缺口整治技术探讨 [J]．水土保持通报 .2002，22（5）：55-56.

[33] 工程地质手册编委会．工程地质手册（第五版）[M]．北京：中国建筑工业出版社，2018.

[34] 邓硕．某露天矿山最终边坡稳定性及加固治理研究 [D]．重庆：重庆科技学院 .2017.

[35] 李安国，建功，曲强．渠道防渗工程技术 [M]．北京：中国水利水电出版社，1998．

[36] 齐洪亮，王维泉，严冬梅．公路边坡排水系统易损性评价方法研究 [J]．公路交通科技（应用技术版），2009，3（51）：5-7.

[37] 申润植．滑坡整治理论和工程实践 [M]．北京：中国铁道出版社，1996.

[38] 宋百敏，刘建，张玉虎，王仁卿．废弃采石场自然恢复过程中土壤和植被特征 [J]．山东大学学报（理学版），2022，57（1）：8-18.

[39] 安慧，杨新国，刘秉儒，等．荒漠草原区弃耕地植被演替过程中植物群落生物量及土壤养分变化 [J]．应用生态学报，2011，（12）：3145-3149.

[40] 杨振意，薛立，许建新．采石场废弃地的生态重建研究进展 [J]．生态学报，2012，32（16）：5264-5274.

[41] 宫荣宽．皖北地区石质山采石宕口复绿技术措施 [J]．安徽农学通报，2021，27（20）：48-49.

[42] 杨庆贺．济南南部山区破损山体生态修复技术研究 [D]．泰安：山东农业大学，2012.

[43] 曲彦明．山西省阳泉市黄河流域历史遗留矿山生态修复技术分析 [J]．西部资源，2021，（06）：4-6.

[44] 郭瀚阳．基于矿山生态修复的采石场废弃地景观设计研究——以湖州市蜀山公园为例 [D]．杭州：浙江农林大学，2021.

[45] 彭凤．矿山废弃地景观修复与再造的研究——以砱山采石场废弃地为例 [D]．武汉：华中农业大学，2008.

[46] 胡振琪，魏忠义，秦萍．矿山复垦土壤重构的概念与方法 [J]．土壤，2005，37（1）：8-12.

[47] McCormack DE, Carlson CL.Formulation of soil reconstruction and productivity standards: Innovative approaches to mined land reclamation[M]. Carbondale: Southern Illinois University Press, 1986.

[48] 陈国帜．浅谈某采石场止水施工技术方案 [J]．西部探矿工程，2016，（5）：18-19.

[49] 孙波．红壤退化阻控与生态修复 [M]．北京：科学出版社，2011.

[50] 甘肃省水利厅水土保持局．怎样修反坡式台阶田 [J]．黄河建设，1959，（9）：33-37.

[51] 宋月君，郑海金．"前埂后沟＋梯壁植草＋反坡梯田"坡面工程优化配置技术解析 [J]．水土保持应用技术，2014，（6）：38-40.

[52] 胡振琪．煤矿山复垦土壤剖面重构的基本原理与方法 [J]．煤炭学报，1997，（6）：617-618.

[53] 闫烨琛，张艳，等．采石矿渣基质改良下的胡枝子生长效果 [J]．中国水土保持科学，2020，18（03）：124-131.

[54] 王立苍，保俊春．麒麟区废弃采石场的生态修复 [J] 防护林科技，2021，210（03）50-52.

[55] 刘建平，张海云，路广平，等．生土特性及

生土快速培肥措施 [J]. 山西水土保持科技，
2001，（4）：14–16.

[56] 杨大明，马可 . 矿山地质环境恢复治理研究
[J]. 露天采矿技术，2016，31（9）：101–104.

[57] Jenny H. Factors of Soil Formatio[M]. New York：
McCraw Hill.1941.

[58] 王果 . 土壤学 [M]. 北京：高等教育出版社，
2009.

[59] 方如康 . 环境学词典 [M]. 北京：科学出版社，
2003.

[60] Peter L O，Thomas M D，Samantha S R，et al.
A large–scale soil–mixing process for reclamation
of heavily disturbed soils[J]. Ecological
Engineering，2017，109：84–91.

[61] Huarui G，Jing L，Junhua M，et al. Effects of
tillage practices and microbial agent applications
on dry matter accumulation，yield and the soil
microbial index of winter wheat in North China[J].
Soil and Tillage Research，2018，184：235– 242.

[62] 侯云鹏，秦裕波，尹彩侠，等 . 生物有机肥
在农业生产中的作用及发展趋势 [J]. 吉林农业
科学，2009，34（3）：28–29，64.

[63] 李涨辉，姚鹏飞，李肯唐，等 . 渭北地区新
修农田生土熟化技术试验研究 [J]. 中国农业信
息，2014，（3）：120.

[64] 柳燕兰，郭贤仕，姜小风，等 . 不同配方土壤
熟化调理剂对新修梯田土壤改良效果的影响
[J]. 干旱地区农业研究，2016，34（4）：139–
145

[65] 刘霄飞 . 土地整治新增耕地生土快速熟化技
术试验研究——以延安市治沟造地项目为例
[J]. 土地开发工程研究，2018，3（4）：35–38.

[66] Yi L，Cheng H，Wei H，et al. Stable isotope
fractionation provides information on carbon
dynamics in soil aggregates subjected to different
long–term fertilization practices[J]. 2018，177：
54–60.

[67] 龙小恒，刘建华，颜月红，等 . 施用秸秆腐
熟剂对稻草腐解速度及晚稻产量的影响 [J]. 农

业开发与装备，2019，（6）：123–124.

[68] 张波 . 高标准农田建设培肥地力综合措施 [J].
应用农业与技术，2019，39（13）：47–48.

[69] 沈仁芳，赵学强 . 土壤微生物在植物获得养
分中的作用 [J]. 生态学报，2015，35（20）：
6584–6591.

[70] 罗泽娇，梁杏 . 土壤修复与改良的微生物技
术 [J]. 安全与环境工程，2005，12（4）：8–10，
14.

[71] 任国华 . 有机农业种植土壤培肥技术分析 [J].
农家参谋，2019，（10）：59.

[72] 郭雯，吴景贵 . 刍议农业种植土壤的有机培
肥技术 [J]. 农家参谋，2019，（12）：44–45.

[73] 尚治安，李昱，杜治国，等 . 湿润灌溉加速
生土熟化研究 [J]. 水土保持学报,2001,15(6)：
132–135.

[74] 李文广，苏志峰，李学浩，等 . 施肥和降水
对生土熟化的影响 [J]. 激光生物学报，2019，
28（2）：144–154.

[75] （日本）川岛和夫 . 姚德兴摘译 . 农用土壤改
良剂——新型保水剂 [J]. 土壤学进展，1986，
（3）：49–52.

[76] 宫辛玲，高军侠，尹光华，等 . 四种不同类
型土壤保水剂保水性能的比较 [J]. 生态学杂
志，2008，27（4）：652–656.

[77] 张富仓，康绍忠 .BP 保水剂及其对土壤与作
物的效应 . 农业工程学报 [J].1999，15（2）：
74–78.

[78] 谢伯承，薛绪掌，王纪华，等 . 保水剂对土
壤持水性状的影响 [J]. 水土保持通报 2003，
23（6）：44–46.

[79] 兰小春 . 园林绿化施工程序及园林植物栽植的
技术措施 [J]. 河南建材 .2018，（5）：245–247.

[80] 赵俊民 . 园林绿化工程中园林植物的栽植施
工技术 [J]. 现代园艺 .2016，（6）：87–89.

[81] 张庆丰 . 拦挡工程在泥石流灾害治理中的应用
[J]. 资源信息与工程，2018，33（5）：170–171.

[82] 罗伟祥，白立强，宋西德，等 . 不同覆盖度
林地和草地的径流量与冲刷量 [J]. 水土保持学

报，1990，（1）：30-35.[56] 吴宇华. 城市规划的生境方法 [J]. 规划师，2007，（02）：78-80.

[83] Sun-Kee HONG, Sungwoo KIM, Ki-Hwan CHO, etal.Ecotope mapping for landscape ecological assessment of habitat and ecosystem [J]. Ecological Research, 2004, 19（1）：131-139.

[84] 夏清清. 以"生境"为本体的生态规划方法研究——以成都市新都区为例 [D]. 重庆：重庆大学，2017.

[85] 王向荣，林菁. 景观的发现与重构——南宁园博园采石场花园设计 [J]. 中国园林，2019，35（7）：24-33.

[86] 陈晨. 采石废弃地的景观更新设计研究 [D]. 福州：福建农林大学，2012.

[87] 达良俊，颜京松. 城市近自然型水系恢复与人工水景建设探讨 [J]. 现代城市研究，2005，（01）：8-15.

[88] 杨琼. 基于大地艺术的废弃采石场景观修复——以襄阳习家池矿山主题公园设计为例 [J]. 城乡建设，2015，（5）：37-38.

[89] 黄滢，王洁宁. 城市工业废弃地更新中自然景观的改造与再生 [J]. 山西建筑，2008，34（36）：48-49.

[90] （挪威）诺伯格·舒尔茨，施植明译. "场所精神"——迈向建筑现象学 [M]. 武汉：华中科技大学出版社，2010.

[91] 张铇. 场所的内涵与外观 [J]. 新建筑，1989，（03）：62-65.

[92] 刘容. 场所精神：中国城市工业遗产保护的核心价值选择 [J]. 东南文化，2013，（01）：17-22.

[93] 张鸣. 后工业景观场所精神的营造 [J]. 中国包装工业，2015，（06）：118-119.

[94] 陈伊. 废弃采石场景观改造策略 [J]. 现代园艺，2016（7）：134-135.

[95] 陈伊. 废弃采石场的景观改造研究——以嘉兴市苦黄山休闲农庄为例 [D]. 景德镇：景德镇陶瓷大学，2014.

[96] 章超. 城市工业废弃地的景观更新研究 [D]. 南京：南京林业大学，2008.

[97] 马永. 生产建设项目水土保持方案编制存在的问题及建议 [J]. 中国水土保持，2014，（03）：50-53.

[98] 林国评. 东吴山废弃采石场高陡岩质边坡生态修复研究 [J]. 福建建筑，2019，253（07）：120-123.

[99] 王耿明，朱俊凤，等. 采石场绿色矿山建设无人机动态监测——以广州市太珍石场为例 [J]. 地矿测绘，2019，35（3）：29-30.

[100] 田涛. 北京典型边坡立地条件类型划分研究 [D]. 北京：北京林业大学，2011.

[101] 黄晚华，帅细强，汪扩军. 考虑地形条件下山区日照和辐射的 GIS 模型研究 [J]. 中国农业气象，2006，27（2）：89-93.

[102] 李俊清，牛树奎，刘艳红. 森林生态学（第二版）[M]. 北京：高等教育出版社，2010.

[103] 吴维臻. 坡面尺度土壤水分空间异质性特征及其与地形因子的关系 [D]. 兰州：兰州大学，2014.

[104] 宋世明，韩占国，刘建军，等. 岩石边坡（TBS）植被护坡绿化技术 [J]. 天津建设科技，2005，15（8）：241-243.

[105] 许文年，叶建军，周明涛，等. 植被混凝土护坡绿化技术若干问题探讨 [J]. 水利水电技术，2004，35（10）：50-52.

[106] 黄录基，MunroDS，张绍贤，等. 降水蒸发和径流的坡向效应 [J]. 水土保持学报，1994，8（1）：18-25.

[107] 王丽，张金池，张小庆，等. 土壤保水剂含量对喷播基质物理性质及抗冲性能的影响 [J]. 水土保持学报，2010，24（2）：79-82.

[108] 孙汝斌，张家洋，胡海波. 宜兴废弃矿山挂网客土喷播区植被的养护管理 [J]. 湖北农业科学，2014，53（15）：3562-3564.

[109] 陈展慧，倪武，王焱等. 华东地区典型宕口植被调查及生态恢复 [J]. 江苏农业科学，2011，（1）：384-389.

[110] 王景峰，韩俊杰，何陶，等. 岩石边坡人工新建植被养护管理技术要点 [C]. 浙江省公路

学会论文集 .2005：172–176.

[111] 张履冰，崔绍朋，黄元骏，等 . 红外相机技术在我国野生动物监测中的应用：问题与限制 [J]. 生物多样性，2014，22（6）：696–703.

[112] Mokany K，Jones MM，Harwood DT.Scaling pairwise β –diversity and α –diversity with area[J]. Journal of Biogeography，2013，40（12）：2299–2309.

[113] 王兰新，赵建伟，郭贤明 . 自然保护区建立生物多样性监测体系的思考 [J]. 山东林业科技，2015，（6）：97–101.

[114] 吴瑶，孙治宇 . 国家湿地公园生态监测指标体系及案例分析 [J]. 四川林业科技，2016，37（4）：69–73.

[115] 郭庆华，吴芳芳，胡天宇，等 . 无人机在生物多样性遥感监测中的应用现状与展望 [J]. 生物多样性，2016，24（11）：1267–1278.

[116] 刘方正，杜金鸿，周越，等 . 无人机和地面相结合的自然保护地生物多样性监测技术与实践 [J]. 生物多样性，2018，26（8）：905–917.

[117] 孟凡玉，朱育帆 ."废地"、设计、技术的共语——论上海辰山植物园矿坑花园的设计与营建 [J]. 中国园林，2017，33（06）：39–47.

[118] 吴越，赵延凤，王云 . 采石类矿坑花园景观评价和模型建构 [J]. 上海交通大学学报（农业科学版），2016，34（03）：90–96.

[119] 上海辰山植物园 . 创新辰山 2010–2015[J]. 园林，2015.

[120] 刘诗尧 . 采石矿场的死与生——以上海辰山植物园"矿坑花园"为例 [J]. 环球人文地理，2017，（2）：222–223.

[121] 朱育帆，孟凡玉 . 矿坑花园 [J]. 园林，2010（05）：28–31.

[122] 冯纾苨 . 基于"潜质"的废弃采石场景观重构：辰山植物园西矿坑景区实验性景观设计与研究 [D]. 北京：清华大学，2008.

[123] 崔林丽，史军，等 . 上海极端气温变化特征及其对城市化的响应 [J]. 地理科学，2009，29（01）：93–97.

[124] 史军，崔林丽，等 . 上海气候空间格局和时间变化研究 [J]. 地球信息科学学报，2015，17（11）：1348–1354.

[125] 贺芳芳 .20 世纪 90 年代以来上海地区热量资源变化研究 [A]. 中国气象学会 . 中国气象学会 2006 年年会"气候变化及其机理和模拟"分会场论文集 [C]. 中国气象学会：中国气象学会，2006.

[126] 周丽英，杨凯 . 上海降水百年变化趋势及其城郊的差异 [J]. 地理学报，2001，（04）：467–476.

[127] 汪远，李惠茹，等 . 上海维管植物研究综述 [J]. 广西植物，2012，32（06）：854–859，848.

[128] 田代科 . 上海乡土植物保护和利用 [J]. 园林，2003，（08）：63.

[129] 王绪平 . 上海市公园绿地的生态学评价与植物配置特征分析 [D]. 上海：华东师范大学，2007.

[130] 黄俊达，叶子易 . 辰山植物园土壤改良修复关键技术实践 [J]. 中国园林，2017，33，（12）：123–128.

[131] 李明胜 . 岩生植物造景研究——以上海辰山植物园岩石园植物配置为例 [J]. 安徽农业科学，2008，（22）：9480–9481.

[132] 上海辰山植物园 . 园中窥园：岩石和药用植物园 [J]. 生命世界，2011，（08）：20–25.

[133] 朱育帆，姚玉君，等 . 上海辰山植物园矿坑花园 贴近山石、水和自然、工业历史 [J]. 城市环境设计，2013，（05）：168–171.

[134] 周翔宇，刘坤良，等 . 岩石和药用植物园 [J]. 园林，2010，（05）：32–35.

[135] 上海辰山植物园 . 矿坑花园：从采石场到奇迹花园 [J]. 生命世界，2011，（08）：14–19.

[136] 孙磊 . 矿坑花园成长记 [J]. 园林，2010，（07）：78.

[137] 张哲 . 植物园花境景观布置——以上海辰山植物园矿坑花园为例 [J]. 城市建筑，2017，（17）：85–87.

[138] 凌碧流 . 岩生植物造景浅析——以上海辰山

植物园岩石园为例 [J]. 华东森林经理，2015，29（04）：61–66.

[139] 李明胜 . 岩生植物造景研究——以上海辰山植物园岩石园植物配置为例 [J]. 安徽农业科学，2008，（22）：9480–9481.

[140] 叶荣德 . 妙峰山镇非煤矿山生态修复实践与评价 [D]. 北京：中国林业科学研究院，2013.

[141] 李一为 . 京西矿业废弃地生境特征及植被演替研究 [D]. 北京：北京林业大学，2007.

[142] 石丽丽，赵廷宁，王雄宾，等 . 北京门头沟采石场废弃地造林树种生长状况调查 [J]. 中国水土保持科学，2013，11（1）：109–113.

[143] 孙明迪 . 门头沟废弃矿山生态治理理论与技术研究——以龙凤岭废弃采石场为例 [D]. 北京：北京林业大学，2006.

[144] 李天雄，李秀华，等 . 昔日采石场，今日变公园——焦作市缝山公园规划与建设探析 [J]. 园林科技，2007，（02）：27–33.

[145] 和月霞 . 焦作市缝山公园规划设计 [A]. 中国科学技术协会 . 提高全民科学素质、建设创新型国家——2006 中国科协年会论文集（下册）[C]. 中国科学技术协会：中国科学技术协会学会学术部，2006：6.

[146] 彭娟 . 采石废弃地的景观恢复规划研究 [D]. 泰安：山东农业大学，2010.

[147] 杜玉琦，姜振荃，等 . 缝山国家矿山公园走进焦作美丽的"后花园"[J]. 资源导刊·地质旅游版，2012，（8）：50–55.

[148] 张涛 . 残破山体政府为你"疗伤"——焦作整治缝山公园造福市民 [J]. 河南国土资源，2006，（8）：26–26.

[149] 郭二旺 . 焦作市北山采石场生态修复实践 [J]. 中国水土保持，2008，（6）：26–26.

[150] 靳双喜，叶昭和，等 . 焦作市北山采石场矿山地质环境恢复治理工程实践 [J]. 探矿工程 – 岩土钻掘工程，2007，34（z1）.

[151] 赵阳 . 典型矿山生态恢复效果与生态效益评价——以焦作缝山公园为例 [D]. 焦作：河南理工大学，2017.

[152] 杜琼，张勇 . 焦作市 1951—2010 年气候变化特征分析 [J]. 人民黄河，2014，36（01）：61–64.

[153] 高聪会，胡伟莉，陈磊 . 焦作市主干道行道树生长状况调查与分析 [J]. 新农村，2010，（9）：123–124.

[154] 赵利新，王进，等 . 河南省焦作市太行山区维管植物区系研究 [J]. 河南农业大学学报，2015，49（5）：676–682.

[155] 翟家波 . 焦作市建城区园林植物资源调查与应用研究 [A]. 经济策论（上）[C]. 河南省科学技术协会，2011：11.

[156] 孙中欣 . 焦作市经济转型效果分析及政策建议 [D]. 北京：中国地质大学（北京），2014.

[157] 薛丹贵 . 焦作市资源枯竭城市转型发展的对策研究 [D]. 郑州：郑州大学，2013.

[158] 焦作市统计局 .2017 年焦作市国民经济和社会发展统计公报 .

[159] 秦丽霞 . 焦作缝山国家矿山公园景观规划设计 [D]. 大连：大连工业大学，2016.

[160] 李天雄，李秀华，等 . 昔日废弃地，今日变公园——焦作市利用废弃地进行生态系统恢复研究 [C]. 中国风景园林学会 2010 年会论文集 .2010：558–560.

[161] 李卫中 . 图文：武汉最大破损山体修复完工 [N]. 湖北日报 .2016.3.23（08）.

[162] 姚文彦 . 采矿废弃山地的生态恢复——以武汉市砾山采石场为例 [J]. 现代园艺，2015，（20）：162–162.

[163] 彭凤，李福重 . 武汉砾山矿区采石废弃地景观生态重建研究 [J]. 资源环境与工程，2008，22（4）：447–450.

[164] 曹小雪 .1961–2012 年武汉市气候变化特征分析 [D]. 武汉：华中师范大学，2015.

[165] 曹小雪，黄建武，等 . 近 52 年来武汉市气候变化特征分析 [J]. 江西农业学报，2014，（9）：80–85.

[166] 郑忠明 . 武汉市园林植物资源及物种多样性保护研究 [D]. 武汉：华中农业大学，2004.

[167] 孙祥钟，周凌云，等.武汉野生植物和常见栽培植物（续）[J].武汉大学学报（理学版），1978，（3）：42-51.

[168] 杨洁.武汉城市圈区域创新体系研究[D].武汉：武汉理工大学，2010.

[169] 彭凤，冯劼东.湖北省矿山废弃地的景观重建探讨[J].资源环境与工程，2012，26（s1）：83-84.

[170] 龙善国.开展迹地治理建设和谐硃山——武汉经济技术开发区硃山采石场矿山地质环境治理项目[J].资源环境与工程，2010，（4）：435-436.

[171] Meira-Neto J A A, Clemente A, Oliveira G, Nunes A, CorreiaO.Post-fire and post-quarry rehabilitation successions in Mediterranean-like ecosystems: implications for ecologicalrestoration[J]. Ecological Engineering, 2011, 37（8）: 1132-1139.

[172] Novák J, Konvička M.Proximity of valuable habitats affects succession patterns in abandoned quarries[J]. Ecological Engineering, 2006, 26（2）: 113-122.

[173] Novák J, Prach K.Vegetation succession in basaltquarries: patternonal and scapescale[J]. Applied Vegetation Science, 2003, 6（2）: 111-116.

[174] 房用，孟振农，孙成南，等.山东省藤本植物资源现状及应用[J].林业科技开发，2003，17（6）：10-12.

[175] 高丽霞，吴焕忠，刘水，等.藤本植物在边坡水土保持工程中的应用[J].中南林业调查规划，2006，25（1）：23-25.

[176] 郭劲，章银柯，陈兵.攀缘植物种质资源研究现状及其应用前景[J].北方园艺，2007，（1）：137-138.

[177] 马进，王小德，林夏珍.天目山野生观赏木本藤本植物开发与应用[J].河南科技大学学报，2004，24（3）：26-28.

[178] 吴丹丹，蔡运龙.中国生态恢复效果评价研究综述[J].地理科学进展，2009，28（4）：622-628.

[179] 胡兴，陈璋，李成俊，等.植物护坡工程质量的等级评价研究[J].水土保持通报，2013，33（3）：180-185.

[180] 张斌，张清明.国内生态恢复效益评价研究简评[J].中国水土保持，2009，，32（6）：8-9.

[181] 丁婧祎，赵文武.生态恢复评价研究进展与展望：第5届国际生态恢复学会大会会议述评[J].应用生态学报，2014，25（9）：2716-2722.

[182] 张家明，陈积普，杨继清，等.中国岩质边坡植被护坡技术研究进展[J].水土保持学报，2019，33（5）：1-7.

[183] YangYS，LiuDX，XiaoH，etal. 2019. Evaluating the effect of the ecological restoration of quarryslopes in Caidi an Dis-trict, Wuh an City. Sustainability, 11: 6624.

[184] 陈建军，王威，蒋毅敏，等.不同土壤改良剂产品对酸性土壤改良效果试验初报[J].广西农学报，2013，28（1）：8-11.

[185] 阮淑娴.中德采煤废弃地土壤环境及其生态环境修复条件差异研究——以中国大通矿区和德国Osnabrueck为例[D].淮南：安徽理工大学，2014.

[186] 李艳，王恩德，沈丽霞.矿山环境影响评价内容和程序探讨[J].环境保护科学，2005，（4）：67-70.

[187] 王璐.基于恢复生态学的城市采石废弃地景观设计研究——以山东省日照市岚山区罗山矿山公园为例[D].北京：北京林业大学，2019.

[188] 付宏渊，曹硕鹏，张华麟，等.湿-热-力作用下软岩边坡破坏机理及其稳定性研究进展与展望[J].中南大学学报（自然科学版），2021，52（7）：2081-2098.

[189] 孙世国，宋腾飞，肖剑.边坡稳定性分析方法及展望[J].北京工业职业技术学院学报，2020，20（4）：1-4.

[190] 周云艳，陈建平，王晓梅.植物根系固土护

坡机理的研究进展及展望 [J]. 生态环境学报
2012，21（6）：1171-1177.

[191] 叶建军，许文年，鄢朝勇，等. 边坡生物治
理回顾与展望 [J]. 水土保持研究，2005,12(1)：
173-178.

[192] 聂洪峰，肖春蕾，任伟祥，等. 生态地质研究
进展与展望 [J]. 中国地质调查，2021，8（6）：
1-8.

[193] 陈虹，王普昶，王志伟，等. 石漠化区和采
石场共性生态问题研究进展 [J]. 中国水土保
持，2017，（9）：12-17.

[194] 徐慧，吕庆，杨雨荷，等. 边坡植被重建效
果评价：研究进展与展望 [J]. 生态学杂志，
2022，41（3）：589-596.

图书在版编目（CIP）数据

公园城市导向下的城市采石宕口生态修复 / 秦飞，
杨龙主编 . —北京：中国城市出版社，2024.1
（新时代公园城市建设探索与实践系列丛书）
ISBN 978-7-5074-3673-0

Ⅰ . ①公… Ⅱ . ①秦… ②杨… Ⅲ . ①生态城市—城
市建设—生态恢复—研究—中国 Ⅳ . ① X321.2

中国国家版本馆 CIP 数据核字（2023）第 254624 号

本书为《新时代公园城市建设探索与实践系列丛书》之一，全书共分 5 章，具体包括公园
城市与采石宕口生态修复、采石宕口生态修复规划、采石宕口生态修复技术、采石宕口生态修
复实践案例、探索与展望等内容。本书对于从事城市管理、风景园林与景观规划设计以及相关
专业的决策者和技术人员具有重要的学习与参考价值。

丛书策划：李　杰　王香春
责任编辑：周娟华　李　杰
书籍设计：张悟静
责任校对：芦欣甜

新时代公园城市建设探索与实践系列丛书
公园城市导向下的城市采石宕口生态修复
秦　飞　杨　龙　主编
＊
中国城市出版社出版、发行（北京海淀三里河路 9 号）
各地新华书店、建筑书店经销
北京雅盈中佳图文设计公司制版
建工社（河北）印刷有限公司印刷
＊
开本：787 毫米 ×1092 毫米　1/16　印张：13　字数：216 千字
2024 年 3 月第一版　2024 年 3 月第一次印刷
定价：**135.00** 元
ISBN 978-7-5074-3673-0
（904668）